中国城市规划学会学术成果

创新驱动与智慧发展

——2018 年中国城市交通规划年会论文集

中国城市规划学会城市交通规划学术委员会　编

U0353073

中国建筑工业出版社

图书在版编目（CIP）数据

创新驱动与智慧发展——2018 年中国城市交通规划年会论文集 / 中国城市规划学会城市交通规划学术委员会编. —北京：中国建筑工业出版社，2018.10

ISBN 978-7-112-22732-7

Ⅰ. ①创… Ⅱ. ①中… Ⅲ. ①城市规划—交通规划—中国—文集 Ⅳ. ①TU984.191-53

中国版本图书馆 CIP 数据核字（2018）第 217916 号

创新驱动与智慧发展

——2018 年中国城市交通规划年会论文集

中国城市规划学会城市交通规划学术委员会 编

*

中国建筑工业出版社出版、发行（北京海淀三里河路 9 号）

各地新华书店、建筑书店经销

北京佳捷真科技发展有限公司制版

北京同文印刷有限责任公司印刷

*

开本：850×1168 毫米 1/32 印张：13¾ 字数：369 千字

2018 年 9 月第一版 2018 年 9 月第一次印刷

定价：**59.00** 元

ISBN 978-7-112-22732-7

（32842）

本书收录了"2018 年中国城市交通规划年会"入选论文 332 篇。内容涉及与城市交通发展相关的诸多方面，反映了我国近期在交通规划、交通治理、发展策略与机制、新技术应用等领域的最新研究进展和创新实践。

本书可供城市建设决策者、交通规划建设管理专业技术人员、高校相关专业师生参考。

责任编辑：黄　翊　徐　冉
责任校对：李美娜

论文审查委员会

主　　任：马　林

委　　员（以姓氏笔画为序）：

马小毅　　边经卫　　孙永海　　李克平

杨　涛　　张晓东　　陈必壮　　林　群

周　涛　　贺崇明　　钱林波　　殷广涛

郭继孚　　曹国华　　戴　帅

目　录

01　优秀论文

02 交通策略

8

03 交通规划

04　交通治理与管控

05　公共交通

06 步行与自行车

07　停车

08 交通枢纽

09 交通设计与优化

10 交通分析

11　共享交通与新业态

01 优秀论文

共享街道背景下的北京老旧
小区慢行网络研究

刘丙乾

【摘要】伴随城市化率和人民生活水平的不断提高，人们对于健康、便捷、安全的城市生活需求日益高涨，但是不断增加的机动车，正在"蚕食"与居民密切相关的慢行空间。本文从共享街道理论入手，通过对共享街道相关文献的综述，探讨该理论对北京老旧小区的借鉴意义，并以典型老旧小区为研究对象，提出建设慢行网络的方案，包括构建慢行生活圈、开辟时段化管制的自行车道、改善步行环境、增设机动车停车位、结合自行车道构建街道微空间等。

【关键词】共享街道；老旧小区；慢行网络

【作者简介】

刘丙乾，男，硕士研究生，北京工业大学建筑与城市规划学院。电子信箱：185559680@qq.com

城市群战略背景下城市交通治理关键问题及策略探析

——以广东省为例

郑　健　邵　源　安　健　吴晓飞　张　振

【摘要】城市—都市圈—城市群综合交通的一体化在强化城市间跨区域往来、开放合作、资源共享等方面具有先导性作用。在国家城市群战略背景下，以区域规划、设施互联互通和现行政策框架为基础，甄别综合交通发展面临的关键问题，探索治理语境下的发展对策，对于严控规划编制质量，推进规划实施、设施建设与运营的全面统筹，打造区域重大战略性基础设施的共建共享格局，夯实产业基础同时强化区域参与全球竞争的实力均具有重要意义。本研究以广东省为例，聚焦省市综合交通体系治理面临的挑战和发展机遇，重点围绕跨区域交通一体化协同治理与数据公开共享机制驱动交通治理两大关键问题梳理国际经验，探讨实施路径和应对策略，以期对广东省省乃至全国城市群战略背景下的城市交通治理体系建设提供借鉴与参考。

【关键词】城市交通；交通治理；跨区域交通一体化；数据共享

【作者简介】

郑健，男，硕士，深圳市城市交通规划设计研究中心有限公司（广东省交通信息工程技术研究中心），工程师。电子信箱：

1031326156@qq.com

　　邵源，男，硕士，深圳市城市交通规划设计研究中心有限公司（广东省交通信息工程技术研究中心），城市交通研究院院长，高级工程师。电子信箱：8870754@qq.com

　　安健，男，博士，深圳市城市交通规划设计研究中心有限公司（广东省交通信息工程技术研究中心），副总工程师，高级工程师。电子信箱：marlin_tree@163.com

　　吴晓飞，女，硕士，深圳市城市交通规划设计研究中心有限公司（广东省交通信息工程技术研究中心），工程师。电子信箱：751506883@qq.com

　　张振，男，硕士，深圳市城市交通规划设计研究中心有限公司（广东省交通信息工程技术研究中心），工程师。电子信箱：zhangzhen789512@126.com

　　基金项目：国家自然科学基金青年基金项目"基于支付意愿的城市公交服务市场细分理论与方法"（71501014），广东省交通运输厅 2016～2017 年度政府引导性课题"广东省超大城市综合交通运输治理体系研究"（科技-2016-03-023）

基于高快速路卡口数据的
车辆出行特征分析

杨 帅 刘樟伟 杨宇星 郭宏亮 袁 佳 邬蓬宇

【摘要】交通信息采集设备覆盖率的不断增加以及通信技术的大力发展，使得海量车辆行驶轨迹的存储成为可能，在路网中，车辆的移动轨迹蕴含着丰富的出行信息和交通状态特征，基于交通感知数据对车辆出行特征进行分析已成为研究热点。其中卡口数据易获取，信息极为丰富，而当前国内外针对卡口数据的研究还比较有限，本文面向深圳市高快速路网中的卡口数据，以分析车辆出行特征为目标，基于车辆单次出行轨迹信息，提出一种基于 Apriori 算法的通勤车辆识别方法，通过设置支持度和置信度参数，挖掘车辆出行轨迹点关联特性，得到通勤车辆占比约 26%。同时采用 K-means 聚类算法进行对比分析，设置 7 种车辆出行特征指标，分析路网中车辆构成，为城市路网分析与交通规划提供可靠的数据支撑。

【关键词】高快速路；卡口数据；Apriori；通勤特征；车辆构成

【作者简介】

杨帅，女，硕士，深圳市城市交通规划设计研究中心有限公司（广东省交通信息工程技术研究中心），助理工程师。电子信箱：yangsh@sutpc.com

刘樟伟，男，硕士，深圳市城市交通规划设计研究中心有限

公司（广东省交通信息工程技术研究中心），工程师。电子信箱：liuzw@sutpc.com

杨宇星，男，硕士，深圳市城市交通规划设计研究中心有限公司（广东省交通信息工程技术研究中心），副总经理，高级工程师。电子信箱：yyx@sutpc.com

郭宏亮，男，学士，深圳市城市交通规划设计研究中心有限公司（广东省交通信息工程技术研究中心），院长，高级工程师。电子信箱：ghl@sutpc.com

袁佳，女，硕士，深圳市城市交通规划设计研究中心有限公司（广东省交通信息工程技术研究中心），助理工程师。电子信箱：yuanj@sutpc.com

邬蓬宇，男，硕士，深圳市城市交通规划设计研究中心有限公司（广东省交通信息工程技术研究中心），助理工程师。电子信箱：wupengyu127@outlook.com

基于渗流理论的城市交通
网络瓶颈识别研究

吴若乾　周　勇　陈振武

【摘要】随着城市的快速扩张和发展，城市交通逐渐发展成为庞大而复杂的网络，同时也为城市交通的研究带来许多新的问题和挑战。已有的城市交通研究往往关注于路网结构特征或是路段交通流的属性，而较少从整体网络层面研究城市交通流的组织变化情况。本文将统计物理学中的渗流理论引入城市交通的研究中，从整体网络的交通连通性角度出发，探究交通网络中的全局连通交通流崩溃为局部连通交通流的动态组织变化过程，这整个相变过程类似于统计物理的渗流过程，因此也被称为交通渗流。基于深圳市的城市交通数据，本文将对实际道路网络进行抽象建模，并利用实时浮动车数据构建动态交通流网络，从而研究城市交通中的交通渗流现象，并对交通渗流的相变临界过程进行探究，识别对于维持交通流全局连通性具有关键作用的交通瓶颈。本文的研究能从复杂网络和统计物理学的角度为城市交通的研究提供一些新的理解和视角，并为识别城市交通的瓶颈路段和治理城市交通拥堵提供一些有益的参考。

【关键词】交通连通性；交通渗流；交通拥堵；交通瓶颈

【作者简介】

吴若乾，男，硕士，深圳市城市交通规划设计研究中心有限公司。电子信箱：wurq@sutpc.com

周勇，男，硕士，深圳市城市交通规划设计研究中心有限公司，技术研发主管。电子信箱：zhouyong@sutpc.com

陈振武，男，硕士，深圳市城市交通规划设计研究中心有限公司，科创中心主任，工程师。电子信箱：czw@sutpc.com

老城区底商门前停车管理问题研究

——以沈阳铁西老城区为例

夏　天　郑　欣

【摘要】近年来，我国大城市的停车矛盾日益严重，老城区底商门前"停车乱"是最为突出的停车问题之一，同时对街道品质也造成了破坏。为了老城区存量空间的可持续发展，底商门前停车问题必须予以重视和解决。本文以沈阳铁西老城区为例，基于详细的停车调查，从泊位设置、使用管理以及空间停放的角度，总结了老城区底商门前"停车乱"的三大核心原因，结合老城区街道空间功能划分以及居民停车特征，从空间产权、车场设计、车场经营、乱停处罚等四个方面提出一系列改善建议与对策，通过停车综合管理逐步解决底商门前停车问题，以供同类城市参考。

【关键词】老城区；底商门前停车；停车问题；停车管理

【作者简介】

夏天，女，硕士，深圳市城市交通规划设计研究中心有限公司（广东省交通信息工程技术研究中心），项目经理，中级工程师。电子信箱：xiatian@sutpc.com

郑欣，男，本科，深圳市城市交通规划设计研究中心有限公司（广东省交通信息工程技术研究中心）。电子信箱：zhengxin@sutpc.com

基于多维卡口数据的城市
交通分析方法与系统

王　蓓　宁平华　段小梅　王世明　司徒惠源

【摘要】论证了卡口数据分析在宏观、中观、微观层面对城市交通规划、交通建设和交通管理的作用和重要性。本文对所有车辆从早到晚经过的卡口序列进行分析，并提出三大技术方法。第一，提出毗邻区域交通量概念，采用算法计算毗邻且有道路连接的区域间的车流量，得到宏观路网交通量分布特征。第二，采用频繁子序列挖掘算法得到满足特定条件的车辆群频繁经过的卡口集合和顺序，分析车辆群的活动范围和路径。第三，检索所有经过分析路段的车辆并获得车辆在路段起点和终点的时间差。清洗数据噪声得到经过分析路段的通行时间——时间数据，分析道路运行特征。本研究以湖北省宜昌市为案例，阐述了三大技术方法的工程应用。基于技术分析和工程案例，本文归纳总结了卡口数据交通分析系统。

【关键词】车辆匹配；卡口序列；轨迹特征；毗邻区域交通量；卡口数据分析

【作者简介】

王蓓，女，博士，广州市市政工程设计研究总院有限公司，博士后。电子信箱：anny_wb@sina.com

宁平华，男，硕士，广州市市政工程设计研究总院有限公司，总工程师，教授级高级工程师

段小梅，女，硕士，广州市市政工程设计研究总院有限公司，副总工程师，高级工程师

王世明，男，博士，广州市公安局交警支队，副处长，高级工程师

司徒惠源，男，博士，香港大学，副教授

城市公交运行时间可靠性及价值评估研究

陈德利　　李锁平

【摘要】研究常规公交运行时间可靠性有助于精细化分析波动性影响因素，便于提高公交出行的吸引力。本文分别建立了基于微观站点、中观区段和宏观线路可靠性评价指标模型，以变异系数作为权重，建立综合评价体系；同时加入了期望时间因素，建立了公交站点的等候时间、费用和在车时间费用模型，用于分析常规公交时间的可靠性与出行者花费的时间、费用之间的关系；得出结论：早高峰期间 33 路的整体运行状况相对稳定，其中对于不同环境属性的站点可靠值变化是不同的，换乘站点和商业站点的可靠性变化范围比较大，站点可靠性与是否设置在公交专用道上和站点类型都有中度的关系，以及可靠状态下的运行费用低于不可靠状态下的运行费用，其能够节省的费用存在很大的空间。

【关键词】常规公交；运行可靠性；变异系数；时间价值

【作者简介】

陈德利，女，硕士，南京市城市与交通规划设计研究院股份有限公司，规划设计师，助理工程师。电子信箱：372505861@qq.com

李锁平，男，硕士，南京市城市与交通规划设计研究院股份有限公司，总经理助理，副总工程师，高级工程师。电子信箱：45842137@qq.com

利益相关者视角下的城市停车共享实施对策研究

费　跃

【摘要】为有效推动停车共享的实施，本文界定了停车共享实施过程中的六类利益相关者，即政府部门、泊位供给者、泊位需求者、第三方企业（共享平台）、媒体、社区物业，从停车共享利益相关者视角出发分析了他们之间的需求和策略、"利益—影响"关系和相互间的冲突，提出政府部门、泊位供给者和物业都具有较高的利益需求和较大的影响力，是停车共享实施过程的关键参与者，在政府部门推动停车共享发展的前提下，需要对泊位供给者和社区物业激励和引导。最后从权益保障、激励引导、成本优化三个方面提出了停车共享实施对策，为停车共享的有序发展提供保障。

【关键词】停车共享；利益相关者分析；实施对策

【作者简介】

费跃，男，硕士，南京格瑞林交通规划设计有限公司，工程师。电子信箱：fytcseu@126.com

面向生活质量的老年人时间
分配与出行研究

王贤卫　　曾丽榕

【摘要】 为保障和提升老年人的生活质量，应用于城市交通规划的老年人活动和出行行为研究具有重要意义。本文通过上海市宝山顾村和大华一村两个区位的居民生活时间分配和出行调查数据，分析了老年人在工作日和休息日的生活时间分配和出行特征，发现老年人的主要生活活动为个人事务性活动、娱乐休憩和家务，活动范围较小，步行和公交是主要交通方式。之后，建立了老年人生活时间分配效用模型，总效用由个人事务、居家维持性活动、户外维持性活动、居家休闲活动和户外休闲活动的获得效用组成，模型揭示了各项效用的影响因素，不同区位、不同性别的老年人的生活时间分配获得效用有明显差异，并发现户外出行对于老年人户外活动的效用获得具有明显正效应。

【关键词】 老年人；时间分配；出行行为；生活质量；效用模型

【作者简介】

王贤卫，男，博士，厦门市交通研究中心，工程师。电子信箱：wxwtj0316@126.com

曾丽榕，女，硕士，厦门市交通研究中心，助理工程师。电子信箱：zlr_hust@163.com

城市交通治理模式变革

马　清

【摘要】当前的城市交通治理模式存在诸多问题：注重效率，忽视公平；注重规模扩展，忽视交通系统协同；财政支撑能力不足；政府单一的交通管理模式，缺乏市场、社会参与治理；政府管理体制不适应一体化交通发展需要；社区违章停车难以根治；政府决策与公众诉求存在差异等。城市交通治理应充分体现以人民为中心，树立公平、集约、绿色、效率、安全、有序、共享、智慧的发展目标。实施交通系统内部协同，以及交通与土地使用、经济、环境、社会、科技的协调发展策略。构建政府、市场、社会协同的治理体系，政府层面发挥主导作用，包括规划制定与实施、政策调控、基本公共服务提供、执法监管、促进市场、社会参与交通治理等；市场层面推进经营性设施投资、交通设施运营服务、交通需求调控、技术进步与创新等；社会层面强化社区交通及公共空间环境治理、规划及公共政策的公众参与、法规意识的不断强化、公共利益的观念、对交通治理成效评价等。

【关键词】城市交通治理；交通治理模式；综合交通体系；城市交通管理；交通发展战略

【作者简介】

马清，男，硕士，青岛市城市规划设计研究院，副院长，研究员。电子信箱：maqing@vip.163.com

基于空间视角的中国城市 TOD 模式发展水平评价

姜　洋　辜培钦　丁　玮　陈宇琳

【摘要】随着轨道交通基础设施建设提速，以轨道交通主导的城市 TOD 模式日益受到重视，如何科学评价其发展水平尤为重要。基于空间视角构建了数量和质量两个维度的城市 TOD 模式发展水平评价指标体系，采用熵值法与专家打分法综合确定指标权重，并基于全国 26 个城市的地理空间数据开展实证研究。结果表明，东部和南部沿海城市的 TOD 发展综合水平整体优于北方城市。各城市 TOD 模式的数量与质量发展水平存在不一致现象，可分为四种类型：发展良好型、数量主导型、质量主导型和发展起步型，建议未来采取因地制宜、问题导向、分时有序的轨道交通和土地相关政策规划进行引导。

【关键词】TOD；指数；评价

【作者简介】

姜洋，男，博士，宇恒可持续交通研究中心，副主任。电子信箱：yangjiang@chinastc.org

辜培钦，男，硕士，北京数城未来科技有限公司，首席技术官。电子信箱：peiqingu@citydnatech.com

丁玮，女，硕士，北京数城未来科技有限公司，数据分析师。电子信箱：weiding@citydnatech.com

陈宇琳，女，博士，清华大学建筑学院，副教授。电子信箱：chenyulin@mail.tsinghua.edu.cn

中小城市公共交通发展的思考

于　鹏　姚伟奇

【摘要】为了缓解城市交通问题，优先发展公共交通已基本成为各界共识。但中小城市与大城市在需求特征方面存在较大差异，且中小城市在支持公共交通发展的财政承受能力方面也普遍不如大城市，所以中小城市公共交通发展不能照搬大城市，应积极探索符合自身特征的公共交通发展模式。城市交通系统的最终目标不是提升公交分担率，而是为人提供快捷可靠的出行服务，应能够以最少的社会成本实现最大的交通效率，支撑城市正常运行。本文通过对比分析不同规模城市交通需求特征，结合不同交通方式的特点，明确中小城市各类交通方式的功能定位。并就中小城市公共交通高效可持续发展给出相应策略建议。

【关键词】中小城市；公共交通；需求特征；出行尺度；分担率

【作者简介】

于鹏，男，硕士，中国城市规划设计研究院，工程师。电子信箱：345959341@qq.com

姚伟奇，男，硕士，中国城市规划设计研究院，工程师

广州市交通"双微改造"工作探索与实践

方 雷 韦 栋 李耿华

【摘要】为挖掘现有路网的通行潜能，维护良好道路交通秩序，提高通行效率，保障交通安全，广州通过大力推进"交通组织微循环、交通设施微改造"交通治理工作，营造安全、有序、畅通的城市道路交通环境。本文阐述了广州交通"双微改造"工作的主要内容，介绍了路口动态控制转向、借用同向车道掉头、区域交通组织联动等交通组织新技术，以及交通流量控制信号灯、消防通道专用信号灯、"礼让斑马线"交通设施、车行道精细化设计和分时停车措施等交通设施微改造新技术，并以相关案例实施效果说明技术的科学有效性。

【关键词】交通治理；交通组织；交通设施；双微改造；精细化

【作者简介】

方雷，男，硕士，广州市交通规划研究院，高级工程师。电子信箱：189809208@qq.com

韦栋，男，硕士，广州市交通规划研究院，智能交通所所长，教授级高级工程师。电子信箱：451048915@qq.com

李耿华，男，本科，广州市交通规划研究院，助理工程师。电子信箱：tantehaidai@qq.com

手机信令分析与 PDA 调查融合法
辨识交通出行特征

——以大沥镇为例

刘新杰　陈嘉超

【摘要】交通出行特征数据在城市交通管理、交通规划、设施布局、空间结构调整中起着重要作用，数据获取方法上，手机信令数据分析法在获取出行目的、出行方式、出行者属性方面存在不足，PDA 调查法存在投入大、抽样率低的问题。从提高数据准确性角度，提出手机信令分析与 PDA 调查融合法，在指标体系和结构层次方面对两者融合进行阐述。将该方法应用于大沥镇综合交通规划，通过分析人口就业、出行率、出行分布、出行方式、出行距离等交通出行特征，总结出大沥镇与广州同城化、对外出行比例大、交通枢纽作用微弱、出行结构不合理等特征，为大沥镇交通需求预测、交通设施规划布局提供数据基础。

【关键词】交通出行特征；手机信令数据；PDA 调查；融合

【作者简介】

刘新杰，女，广州市交通规划研究院，高级工程师。电子信箱：155095561@qq.com

陈嘉超，男，广州市交通规划研究院，工程师。电子信箱：26339208@qq.com

基于快速通道的公交快速运行模式研究

胡欣媛　张　彬　谭英嘉

【摘要】本文基于城市跨区快速通道，以满足日益增长的长距离公交出行需求为目标，从"提质"和"提效"角度出发，提出"通道专线+两端接驳"、"城郊接驳+中心直达"和"城郊直达+中心接驳"三种公交快速运行模式及适应条件，并从设施、通道、运营、票价等方面提出相关保障要求。最后，以深圳市龙岗中心城对外快线为例，结合客流出行特征及存在问题，选择合适的公交快速运行模式并进行路径比选，确定快线服务范围及路径，制定配套线网优化方案，有效提升服务水平，提高公交资源运输效率。

【关键词】快速通道；公交快线；运行模式；职住分离

【作者简介】

胡欣媛，女，本科，深圳市综合交通设计研究院有限公司，中级工程师。电子信箱：592732070@qq.com

张彬，男，硕士，深圳市综合交通设计研究院有限公司，交通规划研究一所所长，高级工程师。电子信箱：21264687@qq.com

谭英嘉，男，硕士，深圳市综合交通设计研究院有限公司，交通规划研究一所副所长，高级工程师。电子信箱：81827058@qq.com

区域中心城市视角下菏泽市
综合交通发展研究

尹茂林

【摘要】构建快捷高效的综合交通运输体系是实现区域中心城市建设的重要支撑体系。本文以鲁豫皖苏交界地区菏泽市为例，为实现打造区域中心城市这一城市发展目标，探讨如何构建科学合理的综合交通体系。首先，分析区域中心城市与相邻市协调发展路径及区域中心城市对市域各县辐射带动效应，解读区间交通分离、区域中心城市经济强辐射区——1小时交通圈等理念；其次，阐述菏泽市域综合交通现状并剖析存在的问题；最后，提出菏泽市域综合交通发展目标，坚持问题导向与目标导向相结合的原则，提出构建"三纵四横两联一环"高速公路网，"中心辐射、内接外联"的普通国省干线公路网，构建多层次、放射状铁路网实现县城火车站全覆盖，构建客货运集疏运系统，加强市域重大基础设施间衔接等4项综合交通发展战略，以支撑菏泽市实现区域中心城市的城市发展目标。

【关键词】区域中心城市；省际交界城市；综合交通体系；发展战略

【作者简介】

尹茂林，男，工程硕士，菏泽市规划局，局长，党组书记，工程技术应用研究员。电子信箱：yml6601@126.com

信号交叉口可变导向车道
智能控制方法研究

刘昱岗　　唐李莹

【摘要】信号交叉口是城市路网的重要组成部分，高效利用其有限的空间资源至关重要。研究可变导向车道的智能控制对交叉口适应车流变化和车辆诱导有着重大意义。本文构建了一个可变导向车道智能控制系统，核心是确定可变导向车道的功能属性和完成车道功能属性转变时刻进口道不同转向车辆的诱导。本文使用减法聚类和模糊 C 均值聚类完成基于每周期交通流量和占有率的交通状态识别；构建以上周期和上上周期的交通流量和占有率作为输入、聚类识别结果作为输出的"四输入单输出"自适应模糊神经网络系统，用于交通状态预测并确定车道功能属性；提出实用性更强、实施更简单的双指示牌法诱导车辆；最后以算例分析的形式，说明了本文系统的有效性。

【关键词】可变导向车道；交通状态预测；双指示牌；智能控制

【作者简介】

刘昱岗，男，博士，西南交通大学，教授。电子信箱：liuyugang@swjtu.edu.cn

唐李莹，女，本科，西南交通大学。电子信箱：970674519@qq.com

快速城镇化大城市职住空间
演变评估方法研究

万晶晶　张协铭　刘志杰　杨宇星

【摘要】中国大城市正处于快速城镇化发展进程中，空间形态以及对应的就业—居住关系正在发生深刻嬗变，而职住分离正是这一发展过程中的必然现象。本研究在过剩通勤框架里提出了一种动态的 Brotchie 三角形模型研究方法，为快速城镇化发展中的中国城市通勤效率评估提供了理论基础，并借助南昌市城市居民出行调查中获得的大样本的通勤、就业等数据，为城市的职住平衡、通勤效率评价提供了有效数据支撑，并对理论进行了验证。过往的研究中少有采用完善的过剩通勤框架对通勤效率进行实证研究。研究证明，以过剩通勤框架下的动态 Brotchie 三角形模型和通勤节省、标准通勤节省指标评价快速城镇化大城市的通勤效率，相较过剩通勤率等更加有效，并且利于跨时间、跨城市的横向比较。

【关键词】职住平衡；过剩通勤；通勤效率；就业—居住空间关系

【作者简介】

万晶晶，女，硕士，深圳市交通规划设计研究中心有限公司（广东省交通信息工程技术研究中心），主办工程师，工程师。电子信箱：jingjingeye@qq.com

张协铭，男，硕士，深圳市城市交通规划设计研究中心有限

公司（广东省交通信息工程技术研究中心），高级工程师

刘志杰，男，硕士，深圳市城市交通规划设计研究中心有限公司（广东省交通信息工程技术研究中心），工程师

杨宇星，男，硕士，深圳市城市交通规划设计研究中心有限公司（广东省交通信息工程技术研究中心），高级工程师

人本、健康、智慧

——即墨慢行交通规划研究

熊　文　阎伟标　刘丙乾　刘东智

【摘要】即墨市位于山东半岛西南部，临墨水河而生，已有1400年建城史。2017年底撤市划区，划入青岛市，"即青融合"对即墨慢行交通品质提出更高要求。本文首先梳理了即墨市街区、街道、河道、路人的历史形态；进而提出了四类人本空间分析方法：基于手机信令的市区慢行热力分析，基于慢行空间叠置的分区分析，基于人当量统计的路权分析，基于行为速写的环境需求分析；再而提出了慢行交通网络规划与慢行健康网络规划方案，充分利用古城巷道、城中村路、滨河通道提高慢行交通网络密度，充分串联山海河泉人文景点策划马拉松与自行车赛事；最后以宝龙片区为例做出慢行设计示范，包括停车治理、慢行连通、公交联系、地铁接驳、健身绿道等方面，实践了人本、健康、智慧主题。

【关键词】慢行交通；健康规划；智慧设计

【作者简介】

熊文，男，博士，北京工业大学，建筑与城规学院副院长，副教授。电子信箱：xwart@xwart@126.com

阎伟标，男，本科，北京工业大学。电子信箱：836257206@qq.com

刘丙乾，男，本科，北京工业大学。电子信箱：185559680

@qq.com

刘东智，男，硕士，青岛市城市规划设计研究院，交通规划师，工程师。电子信箱：411494329@qq.com

02　交通策略

城市道路智能电子收费技术
标准体系研究

邵 娟 荣 建

【摘要】本文基于国内城市道路电子收费政策和技术基础，研究多车道自由流电子技术和基于北斗卫星定位的电子收费技术标准体系，弥补我国城市道路电子收费技术标准缺失现状。首先搭建收费系统总体架构，明确要实现城市道路电子收费功能需满足的基本技术要求和性能要求；其次，从前端系统、稽查系统、运营管理服务系统和安全及隐私保护要求四个方面研究收费系统关键设备技术要求，对比了多车道自由流技术和北斗卫星定位技术核心设备的不同需求。最后，在明确技术标准体系编制原则、框架结构和编码规则的基础上，形成两种收费技术的标准统计表和明细表，为编制城市道路电子收费技术标准规范，促进电子收费技术应用与推广，保障收费系统相关设备、软硬件的研发和生产奠定基础。

【关键词】城市道路；交通拥堵；电子收费；多车道自由流技术；北斗卫星定位技术

【作者简介】

邵娟，女，硕士，北京交通工程学会，交通信息部经理，工程师。电子信箱：shaojuan17@163.com

荣建，男，博士，北京交通工程学会，北京工业大学，理事长，教授。电子信箱：jrong@bjut.edu.cn

关于调整上海市"私人客车"
调控政策的探讨

黄云飞　周小鹏

【摘要】上海市私人客车牌照额度拍卖政策实施近 30 年，确实延缓了机动化进程。但目前其效力殆尽，现行政策的弊病愈加明显，主要表现在：总量仍不断增长，交通拥堵与停车难问题无解；上外地号牌对冲政策效果；另外，据预测 2020 年前上海市路网允许的沪牌增量为 60 万，而未来 8% 的家庭有购买第二辆车的意愿，10% 的家庭有购买第一辆车的意愿，即家庭首车和家庭二车的需求分别是 75 万辆和 60 万辆，届时家庭首车的刚性需求将会面临家庭二车的激烈竞争，社会矛盾将会更大，更加需要制度的合理设定。因此，建议私人客车额度采用分类管理的办法：家庭首车——维持现有拍牌方式，保持政策的稳定性，但是提高中签率；家庭二车及以上——有偿获取，无底价拍卖、价高者得，有限使用，对拍卖获取的车牌规定使用年限或道路通行里程，为后续"车牌全面设置有限期等"更加严格的措施探索经验；家庭无车——利用车辆拍卖所得，发放绿色交通出行补贴。

【关键词】沪牌管理；政策调控；家庭二车

【作者简介】

黄云飞，男，本科，上海同济城市规划设计研究院。电子信箱：694448871@qq.com

周小鹏，男，博士，上海市公安局交通警察总队，科长，高级工程师。电子信箱：694448871@qq.com

新城交通运输制度体系设计

吴　爽

【摘要】为保障新城交通运输体系的顺利构建与高效率、高水平运行，制度设计是关键环节。围绕高时空效率、高水平服务、社会公平三大价值取向，坚持市场运作与政府监管、环境与财务可持续发展是推动构建健康的新城交通运输体系的基本路径，形成设施建设、运输服务、公共交通、行政管理全方位的制度设计。具体的，在设施建设方面，设立统一的建设主体，合理安排公共交通建设时序，简化建设项目审批程序，倡导节能环保的建设方式；在运输服务方面，通过建立负面清单、一体化运输服务平台，健全运输价格管理，推动交通大数据开放共享，丰富和改善出行服务；在公共交通方面，以政府兜底、市场运营的方式，通过公交特许经营、扩大价格弹性、鼓励业务拓展等方式，提高公交运营综合效益；在行政管理方面，打破交通运输横向、纵向体制壁垒，实现城际与城市交通、交通与公共空间等的一体化管理。

【关键词】新城；交通运输；制度设计

【作者简介】
吴爽，男，硕士，中国城市规划设计研究院，助理工程师。电子信箱：caupd_ws@qq.com

基于铁路客流的山东省空间
结构演进研究

张志敏　禚保玲　王　振

【摘要】以山东省为研究对象，获取了 2009～2016 年山东省各铁路站的旅客发送量，运用城市间客流联系强度和城市客流集聚强度两个指标作为城市间空间结构演变的度量。结果表明：①山东省城市间网络化格局逐渐显现，特别是沿着胶济客运专线和京沪高速铁路沿线的城市之间；②山东省城市间集聚强度层级逐渐明显，济南、潍坊、青岛的城市集聚能力远高于其他区域；③交通设施对区域空间发展的影响深刻，突出体现在对时空距离的影响、空间重构、要素流动等方面。

【关键词】铁路客流；客流联系强度；客流集聚强度；区域空间发展

【作者简介】

张志敏，女，硕士，青岛市城市规划设计研究院，高级工程师。电子信箱：16912419@qq.com

禚保玲，女，硕士，青岛市城市规划设计研究院，工程师

王振，男，硕士，青岛市城市规划设计研究院，工程师

综合交通枢纽与城市协调关系及评价方法研究

余　柳　刘　莹

【摘要】近年来综合交通枢纽的建设和发展受到广泛关注，但目前的研究主要侧重枢纽本身的功能布局和交通组织，缺乏对枢纽与城市协调关系的深入分析和量化评价。本文基于节点场所模型的理论基础，总结了综合交通枢纽与城市协调发展的内涵及特征。在此基础上，构建了枢纽与城市协调发展的指标体系，并提出枢纽与城市协调度的概念及基于层次分析法的评价方法。最后通过案例分析验证了该评价方法的可行性和有效性。结果表明，本文提出的评价方法可用于量化单个综合交通枢纽与城市协调发展的水平及需要优化的方向，从而为枢纽的规划布局或更新改造提供参考。

【关键词】综合交通运输；枢纽与城市协调度；层次分析法；综合交通枢纽；城市功能；土地综合开发

【作者简介】

余柳，女，博士，北京交通发展研究院，主任工程师，高级工程师。电子信箱：yuliu1991@163.com

刘莹，女，博士，北京交通发展研究院，节能减排中心主任，高级工程师。电子信箱：liuy@bjtrc.org.cn

健康城市下绿色交通规划策略探究

刘瑾瑶　袁大昌

【摘要】在城市快速发展的背景下，无序发展、交通拥堵、环境污染等问题的日益严重。在人民日益增长的美好生活需要和不平衡、不充分的发展之间的矛盾日益突出的大背景下，健康城市逐渐成为城市发展的重要理念。绿色交通即是基于健康城市理念下提出的重要的规划理论。基于对绿色交通的规划原则及其对健康城市影响机制的梳理，以悦来生态城为研究对象，以绿色交通体系为切入点，对路网肌理、街区尺度、交通网络建设水平、慢行交通体系等方面进行分析。探究如何通过规划手段，构建绿色宜人的交通网络和高效低碳的城市空间，引导城市居民选择绿色健康的生活模式，提高城市的健康水平。以期能够为城市的健康可持续发展提供具有参考和借鉴价值的规划模式。

【关键词】健康城市；绿色交通；悦来生态城；道路网络；慢行体系

【作者简介】

刘瑾瑶，女，硕士在读，天津大学。电子信箱：1367797601@qq.com

袁大昌，男，教授，天津大学城市规划设计研究院，院长。电子信箱：pub0606@vip.sina.com

景区交通供给策略的经济学思考

——以西湖景区为例

魏晓冬　吕　剑　汪　鸿

【摘要】景区旅游在经济学本质上是一次"社会经济活动"，景区交通是依附于景区旅游这一"社会经济活动"的"派生需求"，其既是景区旅游的支撑，也是景区旅游的成本之一，是对景区可持续发展有重要意义的"约束机制"。本文以西湖景区为例，从经济学角度出发，探讨了西湖景区和景区交通的经济学属性，分析了景区增加交通设施供给的必要性和合理性。合理配置景区交通设施，对保持景区"纯公共产品"经济属性有着积极的作用。但随着游客量的增加，盲目增加交通设施供给（如引入大容量轨道交通）改变不了景区经济属性从"纯公共产品"向"准公共产品"变化的趋势，还将降低景区游览的品质和体验，甚至给景区带来"公地悲剧"和"负面效应"。

【关键词】经济学；景区；交通供给

【作者简介】

魏晓冬，男，硕士，杭州市城市规划设计研究院，工程师。电子信箱：274558683@qq.com

吕剑，男，杭州市城市规划设计研究院，交通与轨道规划所副所长，高级工程师。电子信箱：33523167@qq.com

汪鸿，男，本科，杭州市城市规划设计研究院，助理工程师。电子信箱：447047619@qq.com

山东半岛蓝色经济区城市结构体系研究

杜臣昌　和　娴　陈天一

【摘要】使用空间分析和社会网络分析方法，利用百度迁徙数据，从城市等级结构、城市联系格局和城市发展组团三个方面，对山东半岛蓝色经济区的城市空间格局进行了研究。结果表明，青岛市区在区内处于中心地位，各城市市区在区内处于重要地位；城市联系强度形成了多中心辐射格局，城市联系方向呈现指向市区和邻近城市的空间组织特征；城市发展组团突破了原有行政区划的限制。

【关键词】城镇体系；优势流；百度迁徙数据；蓝色经济区

【作者简介】

杜臣昌，男，博士，青岛市城市规划设计研究院大数据中心，工程师。电子信箱：825958819@qq.com

和娴，女，硕士，青岛市城市规划设计研究院大数据中心，助理工程师

陈天一，男，硕士，青岛市城市规划设计研究院大数据中心，助理工程师

轨道交通 TOD 开发潜力用地
识别及发展策略研究

——以昆明市为例

杨 洁 朱 权 李 信 潘明辰

【摘要】新型城镇化形势下主导轨道交通 TOD 开发模式，对于城市功能布局优化、促进土地集约利用具有重要作用。发展轨道交通 TOD 需要对城市发展、轨道财务、土地市场三者协调统筹，并先期开展轨道交通沿线潜力用地摸查。以昆明市为具体实例，研究轨道交通沿线开发潜力用地识别及沿轨道发展策略，为沿线土地资源配置提供决策依据。首先，构建昆明轨道交通与土地利用一体化发展的框架体系，从顶层设计层面梳理开展轨道交通 TOD 所涉及的工作步骤及具体内容；其次，针对轨道交通沿线潜力用地识别提出潜力评估指征体系及用地分类方法；最后，紧扣昆明独特的人文历史、自然景观、多元文化等资源优势，提出不同轨道沿线区域发展策略。

【关键词】潜力用地识别；轨道交通；TOD

【作者简介】

杨洁，女，硕士，昆明市城市交通研究所，工程师。电子信箱：357666601@qq.com

朱权，男，硕士，昆明市城市交通研究所，规划室主任，高级工程师。电子信箱：18546705@qq.com

李信，女，硕士，昆明捷城交通工程咨询有限公司，工程师。电子信箱：454382855@qq.com

潘明辰，女，本科，昆明捷城交通工程咨询有限公司，助理工程师。电子信箱：2583688112@qq.com

北京城市副中心通州智能交通管理体系研究

张　芝　陆化普　邹　平

【摘要】建设北京城市副中心世界一流的智能交通管理系统是京津冀协调发展、北京非首都功能疏解、解决现代城市病、缓解交通拥堵、转变交通发展模式、服务北京市民出行的迫切需求。本文深入研究了京津冀一体化背景下，北京城市副中心通州的现状及未来交通需求特性变化，全面剖析了城市副中心智能交通管理系统的现状问题、建设需求及面临的挑战，在此基础上以问题导向和目标导向为出发点，提出北京城市副中心通州智能交通管理体系规划方向、核心功能、框架方案及主副中心一体化智能交通管理模式，最后给出了城市副中心智能交通管理系统的实施建议。

【关键词】北京城市副中心；智能交通管理系统；体系框架；发展趋势

【作者简介】

张芝，女，硕士，清华大学交通研究所，部门主任，工程师。电子信箱：zhangzhiebox@163.com

陆化普，男，博士，清华大学交通研究所，所长，教授。电子信箱：luhp@tsinghua.edu.cn

邹平，男，本科，北京市公安局公安交通管理局，处长，高级工程师。电子信箱：zouping8463@sina.com

基金项目：北京市科技计划项目"基于智慧城市的北京城市副中心·通州智慧交通管理体系研究"（Z161100001116093）

天津市市域轨道交通发展设想

陈　静　纪尚志

【摘要】长期以来，天津轨道交通系统结构不尽合理，城市中心城区与周边城镇组团间、城镇组团相互间缺少市域轨道连接。随着城市规模的扩张和通勤出行范围的扩大，城市发展对市域轨道的需求逐步显现。文章根据轨道交通以及城市发展状况，提出天津轨道系统层次以及市域轨道与城区地铁衔接模式，并根据城市总体规划及用地结构等因素，提出市域轨道方案设想。

【关键词】市域轨道；层次划分；衔接模式

【作者简介】

陈静，女，本科，天津轨道交通集团有限公司，工程师。电子信箱：983490711@qq.com

纪尚志，硕士，天津市城市规划设计研究院，工程师

南京六合冶山小铁路的改造再利用研究

杨丽丽　侯现耀　徐　婷　杨明丽

【摘要】为利用废旧铁路留下的空间和资源，对南京六合冶山小铁路的改造再利用进行了研究。根据小铁路运营现状及周边用地开发和资源分布情况，总结国内外成功案例经验，提出了分段分析、近远期结合的改造再利用方法。建议小铁路以郊区为主的北段侧重结合周边旅游资源开行旅游专线，以城区为主的南段侧重城市交通功能，实现预留交通通道和提供城市活动公共空间有机结合。方案建议可以为城市规划和铁路运营决策提供参考依据。

【关键词】废旧铁路；空间改造；价值分析；利用模式

【作者简介】

杨丽丽，女，硕士，泛华建设集团有限公司南京设计分公司，工程师。电子信箱：549433659@qq.com

侯现耀，男，博士，南京市城市与交通规划设计研究院股份有限公司，工程师。电子信箱：houxianyao@gmail.com

徐婷，女，硕士，江苏苏邑市政工程设计有限公司，工程师。电子信箱：471738830@qq.com

杨明丽，女，本科，泛华建设集团有限公司南京设计分公司，工程师。电子信箱：287767387@qq.com

崇明生态岛特色公交发展策略研究

许 佳

【摘要】根据总体规划"服务多元、智慧创新"要求，本文结合崇明自身发展需求，提出生态岛特色公交具有改善出行体验、集约利用资源等优势，是崇明智慧交通发展的必然趋势。为了解决现有交通服务定位不清、经营不善、供需匹配困难等问题，本文借鉴国内外需求响应型公交在服务模式和商业模式方面的成功经验，深入研究了生态岛特色公交的发展目标和发展策略，可以为特色公交服务标准制定、服务供应体系构建和基层数据共享、过程监管体系建立等提供指导。

【关键词】特色公交；需求响应型服务；智慧交通

【作者简介】

许佳，女，硕士，上海城市交通设计院有限公司，副总工程师，高级工程师。电子信箱：415059909@qq.com

MaaS 体系构建及应用思考

邵 源 孙 超 严 治

【摘要】近年来，MaaS 系统在国内外已有多项应用，它能整合多种交通出行方式，扩大绿色出行的比例，为出行者提供全面的出行服务。本文分析了 MaaS 系统的内涵，总结出其具有共享、整合、服务、引导四大特征；介绍了其由交通运营商、数据提供商、服务提供商和用户共同参与实现的路径，总结了其与传统交通服务对比存在的优势，梳理了其在国外已有的以最早的 Whim 为主的九大 MaaS APP 服务的实践应用；结合已有的应用案例，分析了 MaaS 系统在深圳实施所需要面临的问题，并指出 MaaS 的实现有赖于政府提供的多项政策支持，以期为其在深圳的推广提供参考。

【关键词】出行即服务；MaaS 服务商；Whim；出行体验

【作者简介】

邵源，男，硕士，深圳市城市交通规划设计研究中心有限公司，城市交通研究院院长，副总工程师。电子信箱：sy@sutpc.com

孙超，男，博士，深圳市城市交通规划设计研究中心有限公司，交通研究业务负责人，高级工程师。电子信箱：sunc@sutpc.com

严治，男，硕士，深圳市城市交通规划设计研究中心有限公司，工程师。电子信箱：yanz@sutpc.com

城市核心区新建高架道路的反思

许 凡

【摘要】伴随着城市快速路建设和道路快速化改造，高架桥作为城市演进的必然产物应运而生，其在通达性、便捷性等方面一定程度上解决了城市交通问题。但在城市核心区或核心组团，高架道路在景观、振动、噪声、商业等多方面均会带来不利影响。本文基于具体案例，对城市核心区高架道路的弊端进行分析，并通过交通数据调查、城市现状调研、城市发展研究等分析手段，提出以道路在城市发展中应当承担的功能为优先的规划理念，初步对城市核心区新建高架道路进行了反思。

【关键词】高架桥；快速路；城市核心区；交通规划

【作者简介】

许凡，男，硕士，深圳市城市交通规划设计研究中心有限公司，工程师。电子信箱：xufan@sutpc.com

大数据视野下粤港澳大湾区
城际出行模式解析

刘鹏娟　　聂丹伟

【摘要】城际出行与区域内的经济、产业活动密切相关，随着粤港澳大湾区建设提升到国家发展战略层面，为更好地推进新一轮的规划建设工作，准确把握当前珠三角地区城际出行特征至关重要。借助腾讯位置大数据，通过算法定义、数据清洗、融合等，筛选出湾区城际出行 OD 数据，分别从大湾区、珠三角三大都市圈、广深对比三个层面进行城际出行特征分析，识别出湾区在空间布局、走廊分布上的集聚特征，在珠三角三大都市圈的特征差异性与融合程度，以及在广深各自城际出行的辐射、吸引特性。

【关键词】粤港澳大湾区；城际出行；大数据；珠三角；都市圈；广深对比

【作者简介】

刘鹏娟，女，硕士，深圳市城市交通规划设计研究中心有限公司（广东省交通信息工程技术研究中心）。电子信箱：13923889671@163.com

聂丹伟，男，本科，深圳市城市交通规划设计研究中心有限公司（广东省交通信息工程技术研究中心）。电子信箱：757038568@qq.com

道路交通规划设计体系及沟通平台搭建的探讨

吴晓飞　王　纯　王文华

【摘要】道路作为城市交通中最重要的公共空间，其规划、设计、建设和管理是一项综合性极强的复杂工作。目前，由于国家现行规范对道路用地红线宽度定义不够明晰，也缺乏一个统一的技术标准平台，导致在交通用地管控方面时常陷入争议。为了能够协调管理、规划、设计等部门的工作，对道路交通用地有个更明确、合理的统一划分标准，以解决道路交通设计时遇到的各种问题。本次通过总结以往规划设计中遇到的问题，探索出一套"自上而下"的道路交通总体规划设计体系，并通过搭建控规平台以期将多个规划和设计整合在一个框架内进行协调运作，从而处理好各项规划的纵向发展关系以及横向管控分工关系，以便更好地指导城市道路交通规划与设计。

【关键词】交通管理；道路交通；规划设计体系；控规平台

【作者简介】

吴晓飞，女，硕士，深圳市城市交通规划设计研究中心有限公司（深圳市交通信息与交通工程重点实验室），工程师。电子信箱：751506883@qq.com

王纯，女，硕士，深圳市城市交通规划设计研究中心有限公司（深圳市交通信息与交通工程重点实验室），工程师。电子信箱：826499540@qq.com

王文华，男，硕士，深圳市城市交通规划设计研究中心有限公司（深圳市交通信息与交通工程重点实验室），工程师。电子信箱：785581950@qq.com

基于 MaaS 理念的出行服务
体系发展概述及展望

张天怡

【摘要】当前，交通拥堵问题严峻，居民出行难问题突出，交通污染问题严重。优先发展公共交通，让更多的人选择公交出行，是缓解上述三个问题非常重要的措施。如何让更多的人选择乘坐公共交通，节省人们的出行时间，是一个重要的研究课题。一个比较良好的出行服务系统能有效节省人们的出行时间，提高居民使用公交的意愿。就现有的出行服务系统而言，它虽然能在一定程度上节约出行时间，但是它存在出行方案不够灵活和出行服务信息不够完善等问题，难以适应用户出行私人定制化的需要。MaaS 作为一种依托出行即服务的出行理念，可有效改善上述存在的问题。为此，本文主要阐述 MaaS 服务系统在提升出行品质、节省出行费用、合理调配交通设施资源和塑造智慧出行生态体系方面的作用，以及应用实践情况。

【关键词】MaaS；多模式交通；公共交通：交通大数据；ITS

【作者简介】

张天怡，男，本科，深圳市城市交通规划设计研究中心有限公司（深圳市交通信息与交通工程重点实验室），工程师。电子邮箱：zhangty@sutpc.com

基于量化评估的 TOD 实施关键策略研究

——以深圳轨道 TOD 建设为例

敖卓鹋　邵　源　江　捷

【摘要】深圳提出建设以轨道为主体的公交都市，结合轨道建设同步推广 TOD 模式，目前面临着巨大挑战；一方面与国外采用 TOD 阻止城市低密度蔓延不同，深圳中心区人口密度已超过 2 万人/km²，深圳需要以 TOD 引导高密度城市空间有序发展；另一方面 TOD 实施涉及诸多主体，缺乏统一指引和保障机制，存在落地难的问题。借助多元大数据分析技术，基于轨道交通网络等重大交通基建布局，对深圳 TOD 开发模式的适应性进行量化评估，分析 TOD 模式对深圳市城市可持续发展的战略贡献与影响。并在量化评估基础上，从规划统筹、实施路径和保障机制等方面探讨 TOD 实施关键策略。

【关键词】TOD；实施；策略；条件

【作者简介】

敖卓鹋，男，深圳市城市交通规划设计研究中心有限公司（广东省交通信息工程技术研究中心）。电子信箱：158475260@qq.com

邵源，男，深圳市城市交通规划设计研究中心有限公司（广东省交通信息工程技术研究中心）。电子信箱：8870754@qq.com

江捷，男，深圳市城市交通规划设计研究中心有限公司（广东省交通信息工程技术研究中心）。电子信箱：378398195@qq.com

面向交通综合治理的信息公开与共享探讨

张　振　吴晓飞　郑　健　安　健

【摘要】"数据说话，数据为准"的数字城市和智慧城市时代来临，跨区域城市群、城市、社区各个维度下的治理要求建立在共同对话的基础之上，但是存在交通政务信息解决交通问题的范围能力有限、数据资源全方位无条件公开引起的蝴蝶效应等问题。为解决以上矛盾，数据信息公开与共享是引领助推科技产业创新融合、面向城市综合治理和服务民生的重要抓手。本文针对存在的问题，总结剖析国外在数据公开与共享方面的数据技术、管理、开放边界和监督保障体系等先进理念。从交通综合治理理念出发，提出围绕三大基本原则，构筑了面向跨区域交通协同治理、城市交通综合治理、社区交通治理三层维度的治理思路，以期解决信息公开与共享工作中在"数据层、管理层、交易层、应用层"等存在的问题，形成与之匹配的完整闭合环解决方案，让数据更加透明，出行更加便捷，交通更加美好。

【关键词】信息公开与共享；治理；交通综合治理；数据

【作者简介】

张振，男，硕士，深圳市城市交通规划设计研究中心有限公司（广东省交通信息工程技术研究中心），助理工程师。电子信箱：zhangzhen789512@126.com

吴晓飞，女，硕士，深圳市城市交通规划设计研究中心有限

公司（广东省交通信息工程技术研究中心），助理工程师。电子信箱：751506883@qq.com

郑健，男，硕士，深圳市城市交通规划设计研究中心有限公司（广东省交通信息工程技术研究中心），助理工程师。电子信箱：1031326156@qq.com

安健，男，博士，深圳市城市交通规划设计研究中心有限公司（广东省交通信息工程技术研究中心），高级工程师。电子信箱：marlin_tree@163.com

基金项目：国家自然科学基金青年基金项目"基于支付意愿的城市公交服务市场细分理论与方法"（71501014），广东省交通运输厅 2016～2017 年度政府引导性课题"广东省超大城市综合交通运输治理体系研究"（科技-2016-03-023）

智能交通国际路线图及未来发展思考

韩广广　孙　超　林钰龙

【摘要】自 20 世纪 60 年代起，美国、欧洲、日本、新加坡等国家开启了交通信息化智能化的发展进程。为适应不同时期的交通发展目标和国家战略，智能交通系统逐渐成为国际上的主流趋势，为缓解交通拥堵、优化交通管理和提升公众出行服务体验感提供了有益途径。本文通过概述美、欧、日、新等国家的智能交通发展路线图，阐述各个国家不同时期的发展方向和侧重点，深入探究智能交通的创新技术和理念在当今国际上的应用典范，借鉴国际经验思考智能交通的发展方向与技术应用，提出以技术为驱动，面向全息感知、在线推演、精明管控和全链服务的未来交通运营模式，以实现政府交通管控和公众出行服务等目标。

【关键词】智能交通路线图；交通管控；公众出行服务；未来交通

【作者简介】

韩广广，男，硕士，深圳市城市交通规划设计研究中心有限公司（广东省交通信息工程技术研究中心），工程师。电子信箱：hangg@sutpc.com

孙超，男，在读博士，深圳市城市交通规划设计研究中心有限公司（广东省交通信息工程技术研究中心），主任工程师，高

级工程师。电子信箱：sunc@sutpc.com

　　林钰龙，男，硕士，深圳市城市交通规划设计研究中心有限公司（广东省交通信息工程技术研究中心），工程师。电子信箱：linyl@sutpc.com

粤港澳大湾区轨道交通一体化发展研究

沈子明

【摘要】粤港澳大湾区轨道交通一体化程度较低，形成了国家铁路与城市轨道相互独立的二元结构。东京、纽约、旧金山等国际湾区均已形成体系相对成熟的轨道交通网络，根据服务范围大致分为国家、湾区、核心城市三个层面，湾区层面区域轨道突破行政壁垒和行业分割两大障碍，形成一体化网络，区域轨道与城市轨道高度融合，主要有枢纽换乘衔接、网络互联互通两种衔接模式。综合国际湾区的经验和粤港澳大湾区的实际情况，针对粤港澳大湾区轨道交通网络结构、规划目标、布局原则、协调机制等方面，提出"三个层次网络、二大时间目标、一体化机制"三方面建议。

【关键词】粤港澳大湾区；轨道交通；一体化；协调机制

【作者简介】

沈子明，男，硕士，深圳市城市交通规划设计研究中心，工程师。电子信箱：shenzm@sutpc.com

大城市常规公交发展困境及对策思考

单静涛　张海涛

【摘要】随着我国大城市轨道交通的网络化扩展和共享单车规模化发展，地面常规公交客流持续下降，吸引力不断降低，常规公交的发展面临严峻的挑战。本文分析了北京、上海、深圳、广州、成都等大城市在城市交通发展新形势下，常规公交在客流、线路、车辆、运营服务等方面的发展变化情况，深入探究在轨道网和共享单车持续发展过程中常规公交面临的困境，提出在交通新常态下常规公交的发展定位和发展策略，构造常规公交——轨道交通——慢行交通三网融合、互为补充、共同协调发展的一体化城市公共交通系统，从而实现地面公交服务效率和品质的全面提升使其最终实现成功转型发展。

【关键词】公交规划；常规公交；一体化交通；公交优先

【作者简介】

单静涛，女，博士，深圳市都市交通规划设计研究院有限公司，工程师。电子信箱：jtshan@126.com

张海涛，男，硕士，深圳市都市交通规划设计研究院有限公司，副院长，副研究员。电子信箱：178151508@qq.com

新时期国家新区交通发展策略
探索与规划实践

周　福　李晓庆　李炳林　张翼军

【摘要】国家级新区作为国家战略，承担着国家重大发展和改革开放的战略任务。综合交通如何适应新时期城市及交通发展趋势，支撑国家新区战略目标的实现具有重要研究意义。本文在总结国家新区交通发展现状和规划经验的基础上，对新一轮国家新区交通发展趋势进行分析，并以此提出枢纽强区、同城融合、绿色发展、特色引领四个交通发展策略。最后以湖南湘江新区为例，结合新区功能定位、交通现状问题等，从国家、区域、城市、片区四个层面详细介绍新区交通规划理念、思路，以期为其他城市或新区开展综合交通规划提供借鉴。

【关键词】国家新区；综合交通；发展趋势；发展策略

【作者简介】

周福，男，本科，湖南湘江新区国土规划局，工程师。电子信箱：504316219@qq.com

李晓庆，女，硕士，长沙市规划勘测设计研究院，工程师。电子信箱：1156273942@qq.com

李炳林，男，硕士，长沙市规划勘测设计研究院，高级工程师。电子信箱：86791011@qq.com

张翼军，男，硕士，长沙市规划勘测设计研究院，工程师。电子信箱：376989450@qq.com

杭州都市圈城际轨道交通发展
面临的问题探讨

陈小利　　周杲尧　　刘　云

【摘要】随着城市群、都市圈内城市之间的交流互动越加频繁，城际轨道交通的规划建设进入高潮期。以杭州都市圈为例，一期建设规划的四条城际都已实施，目前正在谋划城际轨道的二期建设规划。为了适应都市圈发展的新趋势，促进城际轨道的可持续、高质量发展，本文通过分析杭州都市圈城际轨道的规划和实施特征，结合高铁网络化发展的趋势、城市轨道发展思路的转变，以及国家政策对轨道发展的新要求等，全面剖析城际轨道发展面临的问题与挑战，最后提出了规划发展建议。

【关键词】杭州都市圈；城际轨道；衔接

【作者简介】

陈小利，女，硕士，杭州市城市规划设计研究院，工程师。电子信箱：1825536584@qq.com

周杲尧，男，硕士，杭州市城市规划设计研究院，主任工程师，高级工程师。电子信箱：14989184@qq.com

刘云，男，硕士，舟山市交通运输局，副总工程师，高级工程师。电子信箱：yun_liu82@163.com

粤港澳大湾区下的城市交通互通互联

——以珠海、中山为例

李 军

【摘要】粤港澳大湾区城市群发展纲要提出推进基础设施互通互联，珠海与中山同属珠江西岸的城市，城市规模相近，城市交流密切，但受限于珠海经济特区二线关等历史因素的存在，两者交通联系的现状远不能满足两者的经济社会交流的需要；两市打破行政区划界限的交通互通互联，充分发挥彼此的区位优势，互利互惠，强化交通规划、交通设施之间的衔接与匹配，造福珠海、中山两市居民，加快珠海与中山一体化进程，共同打造珠江西岸的重要一极。

【关键词】粤港澳大湾区；交通设施；互通互联；衔接匹配

【作者简介】

李军，男，硕士，珠海市规划设计研究院，交通工程师。电子信箱：303072066@qq.com

北京城市发展与轨道交通的
关系探索研究

张哲宁　马毅林　孙福亮　王书灵

【摘要】我国新型城镇化战略明确提出以城市群为主体形态，推动大中小城市和小城镇协调发展。《北京城市总体规划（2016 年—2035 年)》、《京津冀协同规划纲要》为新时期首都城市及交通发展指明了方向。为了促进交通与城市协调发展，深入研究分圈层交通发展模式及多层次轨道交通体系构建策略，本文通过借鉴东京都市圈的城市发展及轨道交通发展经验，对比分析北京市城市发展及轨道交通发展关系，对北京市未来城市发展及轨道交通发展提出建议。

【关键词】城市发展；轨道交通；互动关系；北京；东京

【作者简介】

张哲宁，男，硕士，北京交通发展研究院，工程师。电子信箱：z94774632@126.com

马毅林，男，硕士，北京交通发展研究院，工程师。电子信箱：mayl@bjtrc.org.cn

孙福亮，男，硕士，北京交通发展研究院，高级工程师。电子信箱：sunfl@bgtrc.org.cn

王书灵，女，博士，北京交通发展研究院，轨道交通所副所长，教授级高级工程师。电子信箱：wangsl@bgtrc.org.cn

粤港澳大湾区交通空间研究及发展建议

董志国　张培岭　陈　燕　刘红杏　卢成龙

【摘要】粤港澳大湾区是我国建设世界级城市群和参与全球竞争的重要空间载体。交通对于优化大湾区城市群空间结构和产业布局具有十分重要的引领作用，当前大湾区基础设施规划建设正在加快推进之中。但是受制于研究地域广、资料收集困难大等原因，大湾区城市群交通需求研究相对较为薄弱，对基础设施方案编制的支持力度不足。由于人的社会经济活动是交通产生的本源，如果不对交通需求进行深入研究，就难以科学合理地编制基础设施方案，甚至引发新的交通供需矛盾。本文主要利用手机信令数据，对大湾区的人口分布、城际交通出行和大都市交通圈等空间特征进行了深入挖掘分析，并提出了交通发展思路，以期供大湾区基础设施规划建设作为参考。

【关键词】大湾区；城际交通；大都市；交通圈

【作者简介】

董志国，男，硕士，北京晶众智慧交通科技股份有限公司，副总裁，高级工程师。电子信箱：dongzhiguo@trafficdata.cn

张培岭，男，硕士，北京晶众智慧交通科技股份有限公司，部门经理。电子信箱：zhangpeiling@trafficdata.cn

陈燕，女，硕士，北京晶众智慧交通科技股份有限公司，总监助理，经济师。电子信箱：chenyan@trafficdata.cn

刘红杏，女，硕士，北京晶众智慧交通科技股份有限公司，项目经理。电子信箱：liuhongxing@trafficdata.cn

卢成龙，男，本科，北京晶众智慧交通科技股份有限公司。电子信箱：luchenglong@trafficdata.cn

扬子江城市群中小城市绿色交通
发展对策

王树盛　黄富民　张小辉　孙　伟

【摘要】扬子江城市群中小城市呈现城镇化水平高、机动化水平高的"双高"特点。本文通过梳理扬子江城市群中小城市城市交通的问题、特征，认为这些中小城市的交通系统既面临行车堵与停车难日渐突出、绿色交通发展目标与路径不明确等转型期共性问题，又面临城市群发展背景下城市交通与城市群交通战略方向不协调、交通供给与城市群交通需求不匹配等特殊问题，最后从规划、建设、管理等方面提出了扬子江城市群中小城市绿色交通发展的具体对策。

【关键词】扬子江城市群；绿色交通；中小城市

【作者简介】

王树盛，男，博士，江苏省城市规划设计研究院，副总工程师，研究员级高级工程师。电子信箱：wangss@jupchina.com

黄富民，男，硕士，江苏省城市规划设计研究院，总工程师，教授级高级工程师。电子信箱：huangfm@jupchina.com

张小辉，男，博士，江苏省城市规划设计研究院，高级工程师。电子信箱：zhangxh@jupchina.com

孙伟，男，博士，江苏省城市规划设计研究院，高级工程师。电子信箱：sunw@jupchina.com

新时期杭州普速铁路发展环境及策略研究

李家斌　王　峰　金建伟　张　莹

【摘要】本文以杭州为例，在综合交通运输视角下对铁路系统百年来的发展历程进行了回顾，研究了普速铁路与空间、产业发展互动关系及演进规律，认为目前铁路趋向于"客内货外"网络布局模式和集中化货运组织模式；城市呈现向外廊道化拓展空间，向内织补破碎空间态势；制造业和服务业在规模和空间上分化现象明显。基于此，本文在都市区一体化视角下提出了杭州普速铁路发展的核心策略，包括货运系统整体外迁、普速客运复兴、既有场站升级、城市功能修补与空间修复等。

【关键词】普速铁路；产业空间；供给侧改革；杭州

【作者简介】

李家斌，男，硕士，杭州市城市规划设计研究院，工程师。电子信箱：hz_jbli@163.com

王峰，男，硕士，杭州市城市规划设计研究院，副总工程师，高级工程师。电子信箱：180902166@qq.com

金建伟，男，硕士，杭州市城市规划设计研究院，工程师。电子信箱：405919931@qq.com

张莹，女，硕士，杭州市城市规划设计研究院，助理工程师。电子信箱：1042706360@qq.com

北京轨道客流特征对规划的启示

马毅林　周瑜芳　缐　凯　蔡乐乐　王书灵

【摘要】北京轨道交通在后奥运时代快速发展，2017 年轨网里程达到 608 公里，日均客运量千万以上，初步形成了覆盖中心城的轨道网络，有力支撑了城市的经济社会发展。但是现有网络面临着主要走廊能力不足、服务层次单一、高峰时段超负荷运行等问题。回顾北京轨道交通发展历程，说明北京轨道交通发展战略由缓解中心城交通拥堵向引导城市发展、优化城市空间布局的方向转移。同时，北京目前的轨道交通是单一制式的，服务于中心城范围的单一系统，急需发展功能兼容、服务融合的多层次轨道交通体系。最后，提出了提高轨道交通系统应对规划不确定性能力的必要性和建议。

【关键词】轨道交通；客流特征；城市布局；功能层次；不确定性

【作者简介】

马毅林，男，硕士，北京交通发展研究院，研发中心主任工，工程师。电子信箱：mayl@bjtrc.org.cn

周瑜芳，女，硕士，北京交通发展研究院，节能减排中心实验室技术主管，工程师。电子信箱：zhouyufang8@163.com

缐凯，男，硕士，北京交通发展研究院，研发中心副主任，高级工程师。电子信箱：xiank@bjtrc.org.cn

蔡乐乐，男，硕士，北京交通发展研究院，工程师。电子信箱：cailele@bjtrc.org.cn

王书灵，女，博士，北京交通发展研究院，轨道所副主任，高级工程师。电子信箱：wangshuling@bjtrc.org.cn

论城市标志性大道的功能特征与
重要作用

韩 帅 张 辉

【摘要】基于对城市发展特征与经典规划模式的研判，首先对城市标志性大道的概念进行深化，识别出其可能的存在形式；然后根据街道的现实用途与规划要求来探讨大道的双维核心属性的关系，指出标志性大道的交通性与场所性的综合效益最优化是实现城市中心区交通功能与场所空间良性互动、协同发展的内在条件；进而以北京城市轴线大道与中心城区空间结构的协同发展机制为例，归纳出标志性大道的三大功能特征；最后总结出大道对城市规划与城市发展的四大重要作用。以期能对城市与交通规划中认知城市形态、优化城市骨架、完善城市功能而有所助益。

【关键词】城市标志性大道；交通性；场所性；北京长安街

【作者简介】

韩帅，男，硕士，北京清华同衡规划设计研究院，城市规划师。电子信箱：hanshuai@thupdi.com

张辉，男，硕士，北京清华同衡规划设计研究院，交通所主任工程师，高级工程师

中国高铁网络空间分布格局及其发展变化研究

韦　胜　高　湛

【摘要】本研究利用 2016 年和 2018 年两个时间点上的高铁班次数据研究高铁网络空间布局及其发展变化特征，主要结论如下：①高铁站点数量增长较快，新增站点大致可以分为 3 大类；未来已建高铁地区的局部调整与改造仍可能持续；高铁城际将为城市和局部区域的交通联系提供强有力支撑，未来省会城市将会享受到更多高铁所带来的正向效益；西部站点整体上等级偏低，东中部较高。②基于 2016 年和 2018 年的数据分析结果，中国高铁网络的拓扑结构为对数双峰状态分布，且这种结构基本没变，未来新增高铁站点与线路可能会基于这样的结构进行不断的调整和完善。③当前高铁网络划分成 13 个社团，可大致划分为"长线型"、"闭环型"或者"独立型"、"区域型"以及"附着型"。部分地区将高铁站点考虑了与机场的紧密布局，实现多种交通方式的协作，发挥出综合交通优势。

【关键词】高铁；交通网络；空间结构；

【作者简介】

韦胜，男，硕士，江苏省城市规划设计研究院，高级城市规划师。电子信箱：gis_wsh@126.com

高湛，男，硕士，江苏省城市规划设计研究院，助理规划师。电子信箱：1578090895@qq.com

基于旅客选择行为的机场群
协同发展模式研究

陈 非 李 彬

【摘要】机场群协同发展是我国航空运输和城镇化发展面临的重要问题。本文首先分析了我国机场群发展的基本情况，提出机场群协调发展面临的困惑；进而从交通的本源——人的出行行为出发，通过对航空旅客对于不同机场的选择行为机制建立理论模型，分析了机场群协同发展的目标和合理发展模式，即机场群应当与城市群合理匹配；继而从城市群和都市圈两个层面分析了机场群的协调发展要求。

【关键词】机场群；旅客选择行为；协同发展模式；优化模型

【作者简介】

陈非，男，博士，上海市交通港航发展研究中心，副所长，高级工程师。电子信箱：chenfei@shjt.org.cn

李彬，男，博士，上海市交通港航发展研究中心，副主任，高级工程师。电子信箱：libin@shjt.org.cn

北京市密路网规划建设策略研究

刘　洋　金智英　姚广铮　宋晓梅

【摘要】近年来，多项国家会议以及上位规划提出加密城市道路网、畅通微循环的要求。城市现状路网密度需要加密，但路网密度并非越大越好，如何设置合理的指标并没有具体的分类指导，这给实际工作带来很大的困扰。本文首先对不同用地性质、开发强度、地块尺度的路网密度和级配结构等指标进行对比研究，其次分析了城市路网指标的影响因素，并对不同路网模式进行综合评估，最终提出了北京市不同类型用地的路网规划建设建议，形成实现上位规划要求的重要支撑项目成果，作为交通影响评价、区域交通规划审查和畅通微循环等工作的依据。

【关键词】路网密度；用地性质；指标建议

【作者简介】

刘洋，男，硕士，南京市城市与交通规划设计研究院股份有限公司北京分公司，主创规划师，工程师。电子信箱：835297216@qq.com

金智英，女，硕士，南京市城市与交通规划设计研究院股份有限公司北京分公司，规划设计师，助理工程师。电子信箱：1455463868@qq.com

姚广铮，男，硕士，南京市城市与交通规划设计研究院股份有限公司北京分公司，副院长，高级工程师，注册城乡规划师。电子信箱：6903880@qq.com

宋晓梅，女，博士，北京市交通委员会，主任科员，高级工程师。电子信箱：songxiaomei@bjjtw.gov.cn

基于快速轨道交通的京津冀
城市群可达性研究

邹　哲　张庆瑜

【摘要】京津冀城市群一体化建设如火如荼，确立了以"四纵四横一环"为主的城际轨道交通发展骨架。目前，京津冀城市群已开通 6 条快速轨道交通线路，有效提高了城市可达性，但相关研究尚较为缺乏。本文首先对比国内外典型城市群的交通发展模式，利用加权平均旅行时间、日可达性及可达性系数模型综合测度京津冀范围内快速轨道开通城市可达性的变化情况，发现区位优势较好、处于快速轨道交通交汇节点的城市可达性最好，快速轨道的开通对区位优势不明显城市的可达性提升幅度最大，初步形成了京津冀城市群 2.5 小时覆盖圈。

【关键词】京津冀；城市群；可达性；高速铁路；快速轨道交通

【作者简介】

邹哲，男，硕士，天津市城市规划设计研究院，总工程师，正高级工程师。电子信箱：zouzhe@hotmail.com

张庆瑜，女，硕士，天津市城市规划设计研究院，助理工程师。电子信箱：qyzhang_bjtu@126.com

新形势下构建历史古都新交通体系

——大西安交通发展思路

顾　煜　杨　晨　韩　洁

【摘要】西安是世界闻名的千年古都，在"一带一路"、关中城市群和西安自贸区等重大战略指引下，西安正面临前所未有的机遇和挑战，交通体系要支撑门户枢纽城市、引导大西安空间拓展和打造绿色城市的建设。本文客观分析了大西安当前问题，结合新形势分析了发展趋势，提出了战略目标和发展模式，并提出构建大西安新交通体系的战略任务。

【关键词】区域交通；大西安；枢纽城市；战略规划

【作者简介】

顾煜，男，硕士，上海市城乡建设和交通发展研究院，综合交通规划研究所建设室主任，高级工程师。电子信箱：chemistgu@163.com

杨晨，男，博士，上海市城乡建设和交通发展研究院，综合交通规划研究所规划室副主任，高级工程师。电子信箱：yang0403@gmail.com

韩洁，女，硕士，上海市城乡建设和交通发展研究院，助理工程师。电子信箱：376829303@qq.com

上海新能源小客车特征分析与
精细化管理研究

葛王琦　邵　丹　陈俊彦

【摘要】上海新能源汽车持续快速发展，截至 2017 年底，推广总规模已累计超过 16.55 万辆，其中小客车约占 75%左右，已经成为本市小客车增量的重要组成部分。本研究通过对本市新能源汽车快速发展的动因分析，并利用市新能源汽车公共数据采集与监测研究中心的大数据平台进行使用特征分析、挖掘，重点分析了新能源小客车的出行强度、夜间停放分布、出行时辰分布以及充电习惯等使用特征。基于新能源汽车的结构特点和使用特征分析的基础上，提出了新能源小客车作为个体机动化出行方式也应遵循小客车"双控政策"管理的基本思路，从新能源小客车与城市交通的协同发展、精细化使用管理以及对于新技术、新模式的发展方向等方面提出了政策建议。

【关键词】新能源小客车；特征分析；精细化管理政策；大数据分析

【作者简介】

葛王琦，男，硕士，上海市城乡建设和交通发展研究院，工程师。电子信箱：gewangqi@163.com

邵丹，男，硕士，上海市城乡建设和交通发展研究院，交通所副总工兼政策室主任，高级工程师。电子信箱：sd_nt@163.com

陈俊彦，男，硕士，上海市城乡建设和交通发展研究院，项目技术人员，工程师，vangreen@163.com

广州交通年报对城市空间发展的
作用研究

甘勇华　　江雪峰

【摘要】交通年度报告是对城市一年来交通发展情况的全面总结。与日报、月报不同，交通年报更能从较长时段和宏观层面，判断交通与城市发展的互动关系。广州二十多年以来，形成了以交通年报为主线的特大城市交通系统持续观测与评估的体系，通过交通角度的感知，对城市总规、空间拓展、轨道线网进行反馈。本文从广州交通年报的特点出发，分析了交通年报在交通—用地协同策略中的作用和交通年报的传导路径，并对新一轮城市化下交通年报的发展方向进行了思考。

【关键词】交通年报；交通—用地协同；新一轮城市化

【作者简介】

甘勇华，男，硕士，广州市交通规划研究院，副院长，教授级高级工程师。电子信箱：274191782@qq.com

江雪峰，男，硕士，广州市交通规划研究院，技术研发中心副总工程师，高级工程师。电子信箱：jiangxuefeng001@foxmail.com

公共交通供给的公平与效率浅析

——基于多源大数据的视角

张　科　霍佳萌　陈嘉超

【摘要】经过改革开放四十年的发展，我国社会主要矛盾已经转化为人民日益增长的美好生活需要和不平衡、不充分的发展之间的矛盾。在公共交通供给侧，与曾经的经济发展指导思想一致，很长一段时间内规划讲究的是"效率优先，兼顾公平"，对效率问题研究得较为深入，而对公平性问题着墨较少。本文以广州市各居委的平均收入、人口密度为公共交通服务的公平和效率衡量指标，借用伦敦交通模型中的公交可达性水平（PTAL）指标体系，对广州市公共交通供给的公平性和效率性进行分析。研究结果表明过去的公共交通建设成果较好地实现了效率优先的目标，但在提升公平性方面仍有可以完善之处，文末对完善公平性的方向给出了建议。

【关键词】公平；效率；公共交通；多源大数据

【作者简介】

张科，男，硕士，广州市交通规划研究院，交通模型师，工程师。电子信箱：zachuster@163.com

霍佳萌，女，硕士，广州市交通规划研究院，交通模型师，助理工程师。电子信箱：446773519@qq.com

陈嘉超，男，本科，广州市交通规划研究院，交通模型师，工程师。电子信箱：26339208@qq.com

建设国际航运中心要求下的城市
交通发展对策研究

——以广州为例

马小毅　张海霞　周　洋

【摘要】在新时代交通强国的战略背景下，一直以来隶属国家大交通运输体系的港口"远离"城市的局面必将被打破，城市和港口相互融合、相互支撑，港口城市才可能发展成为全球有竞争力的城市和国际航运中心。本文以建设广州国际航运中心为例，在港城融合发展的必然要求下，探索性地提出了建立连接全球的交通网络、强化内河和铁路集疏运通道、交通引导航运集聚区建设、推动邮轮经济的发展、完善促进港城一体发展的交通建设保障机制等对策。

【关键词】国际航运中心；全球城市；港城融合；城市交通；集疏运

【作者简介】

马小毅，男，硕士，广州市交通规划研究院，副院长，教授级高级工程师。电子信箱：pow2006@163.com

张海霞，女，硕士，广州市交通规划研究院，所总工程师，高级工程师。电子信箱：57286218@qq.com

周洋，男，学士，广州市交通规划研究院，助理工程师。电子信箱：1015082177@qq.com

广州市交通发展战略评估研究

查蓉昕

【摘要】国内长期对于城市的交通发展战略研究重视不足，更是缺乏交通发展战略的评估研究。本文提出了交通发展战略评估的评估目标、评估方法、评估指标体系等，并且针对广州市交通发展战略的实施效果和偏差都进行了深入的评估，为不断完善广州市交通发展战略提供科学依据，同时也为广州新一轮交通发展战略研究提供经验和启示。

【关键词】交通发展战略评估；评估指标；效果评估

【作者简介】

查蓉昕，女，硕士，广州市交通规划研究院，助理工程师。电子信箱：460221787@qq.com

交通与城市功能疏解

——以北京酒仙桥为例

张 宇 刘 韵

【摘要】本文以北京中心城的十个边缘集团中发展起步时间较早、发展较为成熟的酒仙桥边缘集团为例，对其从建设初期至今的发展历程、职住关系、交通系统建设进行回顾分析，尝试探讨其从最初的卧城到目前较为成熟的已形成反磁力吸引的就业功能组团的转换过程及转换动因。从中提取出北京中心大团功能疏解的例证，同时对城市功能疏解的脉络进行梳理，以期对其他待建的类似城市和类似区域提供借鉴。文中集成了边缘集团的用地规划建设发展、道路交通规划、3 版综合交通大调查等多口径的数据做对比分析，同时结合相关政策和宏观发展背景等因素，分析其成长历程，并为后续其发展方向进行了展望。

【关键词】望京酒仙桥；职住关系；交通系统；功能疏解

【作者简介】

张宇，男，硕士研究生，北京市城市规划设计研究院，高级工程师。电子信箱：48188517@qq.com

刘韵，女，硕士研究生，北京市城市规划设计研究院，高级工程师。电子信箱：13366725321@189.cn

纽约都会区轨道交通发展及
经验借鉴

张　赛　任利剑

【摘要】纽约都会区的轨道交通有着悠久的建设历史。文章首先对纽约轨道交通的分类构成，网络形态特征及衔接模式等进行了系统介绍，然后对照纽约大都会区的形成过程即纽约城市化与郊区化的发展过程，分析了一百多年来纽约轨道交通的生长与演变。结合其运行特点及纽约区域规划协会对其现状评价、规划策略，分析纽约都会区轨道交通系统的发展特点，为现阶段我国轨道交通的发展提供借鉴意义。

【关键词】纽约；轨道交通；发展；借鉴

【作者简介】

张赛，女，硕士在读，天津大学。电子信箱：saishine_z@tju.edu.cn

任利剑，男，博士，天津大学建筑学院，副研究员。电子信箱：renlijian@126.com

中部崛起背景下的南昌区域
交通发展策略研究

张协铭　刘志杰　席阳峰　万晶晶

【摘要】长江经济带及"一带一路"发展战略改变了中部地区的发展格局，中部地区迎来了历史性的发展机遇。文章首先分析国家战略变化给中部地区发展带来的新形势，并以南昌为例分析其城市发展差距与比较优势。最终得出南昌应充分发挥其在区域地缘、生态资源、空间腹地等方面的优势：对外应发挥区域地理中心优势，国土层面通过高速、航空等交通设施融入国家交通网络，打造全国综合交通枢纽城市；区域层面通过城际铁路等设施，改善南昌在城市群铁路网中的边缘化态势，打造一体化的长江中游城市群；对内则利用广袤腹地，打造"城市群 1 小时交通圈"实现与省内紧密城镇群的共生发展。

【关键词】中部地区；长江经济带；区域交通规划

【作者简介】

张协铭，男，硕士，深圳市城市交通规划设计研究中心有限公司（广东省交通信息工程技术研究中心），高级工程师。电子信箱：17203126@qq.com

刘志杰，男，硕士，深圳市城市交通规划设计研究中心有限公司（广东省交通信息工程技术研究中心），工程师。电子信箱：2059470971@qq.com

席阳峰，男，硕士，深圳市城市交通规划设计研究中心有限

公司（广东省交通信息工程技术研究中心），助理工程师。电子信箱：xiyangfeng@foxmail.com

万晶晶，女，硕士，深圳市城市交通规划设计研究中心有限公司（广东省交通信息工程技术研究中心），工程师。电子信箱：jingjingeye@qq.com

数据开放中的数据权、开放机制和元数据标准

——全球范围内的经验

孙 伟

【摘要】数据是一项战略性资源，数据的开放可以创造更大的公共价值。本文在梳理全球范围内数据开放先进经验的基础上，总结了开放数据要重点解决的三个问题：数据权、数据开放机制和元数据标准。在新兴的数据权利体系中，公民数据权是基础和核心的权利，数据开放首先需要界定数据的权利范围。解读先进国家的数据开放机制设计，可以挖掘出有效推动数据开放的关键因素。元数据的价值在于，它是数据开放的标准化和数据协调的基础。

【关键词】数据权；开放机制；元数据；数据开放

【作者简介】

孙伟，男，博士，江苏省城市规划设计研究院，工程师。电子信箱：danielsun@aliyun.com

03　交通规划

成都五荷片区出行服务规划

辛光照　王　波

【摘要】在分析成都市五块石—荷花池片区现状道路供给、公交服务和慢行三个方面基础上，以交通小区为单元，按照规划用地性质和容积率预测了片区高峰小时总出行量 33.95 万人次，其中核心区 25.15 万人次。根据交通需求预测特点规划高等级道路和公交模式形成对外快速到发通道，挖掘道路红线 12m 以下街巷优化路网密度至 14.3 km/km²，完善公交系统实现站点 300m 全覆盖，最后构建 46.7km 非机动车主通道和 64.2km 步行活力网保障片区内部活力慢行。

【关键词】交通规划；路网密度；公共交通；慢行网络；铁路枢纽

【作者简介】

辛光照，男，硕士，成都市规划设计研究院，规划师，工程师。电子信箱：guangzhaoxin@sina.com

王波，男，硕士，成都市规划设计研究院，副总工程师，高级工程师。电子信箱：1026364325@qq.com

大数据在广州市新一轮交通综合调查的实践应用

苏跃江　　陈先龙

【摘要】传统抽样调查往往是调查某个时段某类群体的个体属性和出行信息，包含社会经济（职业、收入等）、地理空间（居住、就业等）、出行信息（包含 OD、交通方式等）、行为模式（出行意愿、出行时间价值等）等属性信息，但很难确定个体空间的连续活动模式和活动特征。而利用大数据进行连续的特征追踪和海量数据动态观测和分析个体的空间活动特征成为可能，如利用手机信令数据和互联网位置数据监测居民的职住特征、利用 GPS 数据挖掘出租汽车以及乘客的空间活动特征以及通过 AFC 数据挖掘轨道交通乘客的时空分布特征等。因此，研究大数据在交通综合调查的实践探索具有重要意义。分析传统抽样调查与大数据挖掘的差别与关系；总结北京、上海、广州等城市交通综合调查演变及特点；以广州市为例进行实证研究，梳理 2017 年广州市第三次交通综合调查框架和特点，从挖掘特殊指标、实现多源数据相互补充与校核等两个层面探索大数据在交通综合调查中的作用。

【关键词】大数据；抽样调查；数据融合；广州市

【作者简介】

苏跃江，男，硕士，广州市交通运输研究所（广州市公共交通研究中心），高级工程师。电子信箱：250234329@qq.com

陈先龙，男，硕士，广州市交通规划研究院，教授级高级工程师。电子信箱：314059@qq.com

基于工业区的道路交通规划控制标准研究

——以珠海市富山工业园规划建设标准研究为例

江剑英

【摘要】工业区与城市中心地区因城市功能和区域位置不同而表现出建筑布局、开发强度、配套设施不同，因而带来的交通出行特征也大不相同。工业园区交通规划控制就是要基于工业交通出行特征制定贴合工业区的交通规划控制要求。文章以珠海市富山工业园规划建设标准研究成果为基础，提出基于工业类别的地块控制和路网密度控制标准、基于工业交通出行方式和交通结构的工业园区道路断面布置形式、基于工业交通特征需求的交通设施配给。

【关键词】工业；开发强度；出行强度；交通方式；弹性道路；断面布置；停车配建

【作者简介】

江剑英，男，本科，珠海市规划设计研究院，工程师。电子信箱：50179162@qq.com

旅游型城镇绿色交通系统规划
方法研究

郭　晖　齐立博

【摘要】随着物质生活水平的提高，人们对弹性出行的需求增加，旅游成为日常休闲放松的方式，生态游、品质游成为旅游的新热点。阳山是我国著名的桃乡，拥有丰富的山水资源，山、水、桃、泉形成四大旅游特色。旅游交通量的增长对城镇原来的交通体系带来了冲击，因此，需要对旅游交通进行系统梳理，在自身体系完善的基础上，尽量减少对城镇交通的影响。阳山旅游受季节影响较大，本文在分析阳山旅游出行特征的基础上，从构建区域快速通达交通体系、特色化慢行交通体系、静态交通设施管控三方面着手，构建"快达漫游"的绿色交通体系。针对不同时段出行特征，采用差异化交通组织方式，满足工作日、一般高峰日和极端高峰日三个不同时段的出行需求。

【关键词】旅游城镇；绿色交通；阳山镇

【作者简介】

郭晖，女，硕士，江苏省城镇与乡村规划设计院，工程师。电子信箱：116452750@qq.com

齐立博，男，硕士，江苏省城镇与乡村规划设计院，主任工程师，高级规划师。电子信箱：465442785@qq.com

基于客流平衡的轨道沿线用地功能组织研究

黄建伟　　边经卫

【摘要】随着轨道城市发展理念的提出，围绕城市轨道交通的相关研究成为当下的关注热点。已有的研究成果表明，轨道沿线用地组织功能形式是影响轨道交通客流的重要原因，而轨道沿线不合理的城市用地功能组织将会造成轨道交通客流的时空分布不均衡，影响轨道交通正常运行。基于此，本文通过对轨道交通客流平衡的概念和意义进行解读的基础上，以厦门轨道交通1号线为例，分析现状客流特征与轨道沿线用地功能组织，剖析当前轨道沿线客流分布不均衡问题的根源——轨道沿线用地功能组织，从而对轨道沿线用地调整提出建议。

【关键词】客流平衡；用地功能组织；客流特征；用地功能调整

【作者简介】

黄建伟，男，硕士，华侨大学建筑学院。电子信箱：740670990@qq.com

边经卫，男，博士，华侨大学建筑学院，教授

城市片区更新项目的交通规划研究

——以南京江北新区大厂地区城市更新为例

姜玉佳

【摘要】现阶段大量城市规划重点向存量更新与精细化设计聚焦，作为城市功能的重要支撑，交通系统的优化改善具有重要的意义。用地的更新对城市交通系统而言意味着出行方式结构的重塑，也会带来需求增长的挑战，而更新规划区域往往用地供应不足，无法通过简单扩张增加交通供给，需要充分协调现状交通条件与规划方案，实现交通系统的供需平衡。本文就如何在更新过程中有效博弈，针对不同更新方式的地块采用不同的交通改善方法提出了实践思路，具体到路网优化调整方法、慢行提升改善以及停车挖潜增补方式等内容，精细化挖掘现有交通资源，整治和改善不适应城市发展的交通问题，发挥交通在城市更新实践中的支撑与推动作用，旨在为后续城市更新项目编制提供参考。

【关键词】城市更新；交通规划；完整街道

【作者简介】

姜玉佳，女，硕士，江苏省城市规划设计研究院，工程师。电子信箱：307503759@qq.com

SUMP 背景下的上海大都市圈
交通协同规划新范式

陈小鸿　周　翔　叶建红

【摘要】立足高质量发展和高品质生活的根本要求，上海转向以区域、城乡协调发展提升城市竞争力，以人为本，内涵发展提升城市品质。伴随交通规划核心思想由交通运输（traffic/transport）转向人的移动（mobility），基于欧盟 2014 年提出的 SUMP（可持续城市移动性规划），上海大都市圈交通协同规划的规划范围应突破行政边界而转向实际的活动空间范畴。相应地，围绕卓越全球城市的目标愿景，以人为中心的量化指标体系被提出，分别为城市居民移动能力与水平、参与社会交往能力、弱势群体移动能力保障、交通发展的成本/代价等 4 个维度。改变单纯的传统建模思维，需建立涵盖"活动链"分析、归因分析、区位分析等能够实时监测分析并动态反馈调整的编制技术方法。多方协同参与的规划编制流程亦须相应建立。

【关键词】SUMP；移动性；都市圈；交通规划；可达性；上海

【作者简介】

陈小鸿，女，博士，同济大学交通运输工程学院教育部道路与交通工程重点实验室，教授，博导

周翔，女，博士，上海市城市规划设计研究院交通分院，综合规划室主任，高级工程师。电子信箱：71827876@qq.com

叶建红，男，博士，同济大学交通运输工程学院教育部道路与交通工程重点实验室，副教授

寒地城市出行特征及应对措施

——以哈尔滨为例

杜倩雨　张　帆　唐志远

【摘要】城市是历史、经济等因素的产物，不同的城市所处的环境、气候各异，城市的不同气候特征会对居民出行特征产生重大影响。本文首先研究了寒地城市不同季节的居民出行特征，并根据其冬季与其他季节的出行差异，提出适应寒地城市的交通TOD发展模式，打造寒地公交系统和制定完善的应急保障措施，以确保居民出行的安全性、可达性和舒适性。

【关键词】寒地城市；居民出行；TOD；寒地公交；应急保障

【作者简介】

杜倩雨，女，硕士，中国城市建设研究院有限公司，助理工程师。电子信箱：616044468@qq.com

张帆，男，博士，中国城市建设研究院有限公司，高级工程师，副总工程师兼一所所长。电子信箱：1968616749@qq.com

唐志远，男，学士，中国城市建设研究院有限公司，助理工程师。电子信箱：2622850386@qq.com

"孤岛型"口岸对外交通规划

——以大桥珠海口岸为例

王文华　叶志佳　卢顺达

【摘要】"孤岛型"口岸作为一种特殊的通关口岸，因其地理区位特性而带来对外交通特殊性。针对"孤岛型"口岸的特点，分析其交通特性并提出主要的规划原则和思路。以港珠澳大桥珠海公路口岸为例，在具体分析大桥珠海口岸现状问题的基础上，采用区域和城市两层次交通模型对港珠澳大桥跨界交通需求进行分析，根据整体统筹、远近结合，交通分离、公交优先的原则，高效组织口岸对外交通，完善口岸外部接驳设施，优化与城市交通衔接的重要节点及路段，形成系统的总体组织、翔实的方案设计、细致的管理措施，确保大桥珠海口岸顺利开通运营和远期的综合开发。

【关键词】"孤岛型"口岸；对外通道；需求预测；交通规划

【作者简介】

王文华，男，硕士，深圳市城市交通规划设计研究中心有限公司（深圳市交通信息与交通工程重点实验室），工程师。电子信箱：785581950@qq.com

叶志佳，男，本科，深圳市城市交通规划设计研究中心有限公司（深圳市交通信息与交通工程重点实验室），高级工程师。电子信箱：79607620@qq.com

卢顺达，男，硕士，深圳市城市交通规划设计研究中心有限

公司（深圳市交通信息与交通工程重点实验室），工程师。电子信箱：421153389@qq.com

超高强度开发 CBD 新区的
TOD 模式实践

——以前海合作区为例

杨万波　杨宇星　田　锋　叶道均

【摘要】TOD 是一种城市发展模式，通过一体化协调土地与交通的关系，促进公共交通发展，减少对小汽车的依赖，实现土地集约利用、生态环境良好、交通系统高效。研究表明，相较于旧城改造，在新区建设中更容易实现 TOD 模式。前海从规划至实施始终遵循 TOD 理念 3D 原则，从规划编制、规划管控等方面进行了探索，包括创新规划编制体系落实开发强度管控与土地混合使用模式、协调轨道与地块开发时序实现站城一体化、打造小尺度密路网体系保障慢行优先行、构筑多层次立体步行系统降低对小汽车依赖等。

【关键词】TOD 模式；交通规划；城市规划；轨道交通

【作者简介】

杨万波，男，硕士，深圳市城市交通规划设计研究中心（深圳市交通信息与交通工程重点实验室），工程师。电子信箱：290546782@qq.com

杨宇星，男，硕士，深圳市城市交通规划设计研究中心（深圳市交通信息与交通工程重点实验室），副总经理，高级工程师。电子信箱：yyx@sutpc.com

　　田锋，男，博士，深圳市城市交通规划设计研究中心（深圳市交通信息与交通工程重点实验室），党委副书记，高级工程师。电子信箱：tf@sutpc.com

　　叶道均，男，硕士，深圳市城市交通规划设计研究中心（深圳市交通信息与交通工程重点实验室），主任工程师，工程师。电子信箱：tf@sutpc.com

腹地拓展视野下的城市对外
通道规划方法探讨

——以深圳为例

黄启翔　聂丹伟　向　楠

【摘要】经济全球化和区域一体化的加速演进，促使具有经济中心功能的城市或地区对经济腹地的拓展和争夺愈演愈烈，如何提前谋划对外通道来支撑和提升城市的对外辐射力和竞争力，已成为城市战略体系中的重要命题。本文首先基于经济中心与经济腹地之间的"枢纽—网络"结构互动关系，明确对外通道重构城市与其经济腹地时空格局方面的关键作用。然后通过分析目前我国涉及对外通道的规划管理机制现状，提出地方城市在开展对外通道规划工作面临的技术与制度挑战，进而探讨面向经济腹地拓展的对外通道规划主要策略与方法。最后以深圳作为超大城市的典型代表，分析提出在"一带一路"、泛珠合作、粤港澳大湾区等多重机遇下深圳拓展对外通道的发展策略和建议。

【关键词】对外通道；"枢纽—网络"结构；规划策略；深圳经验

【作者简介】

黄启翔，男，深圳市城市交通规划设计研究中心有限公司（广东省交通信息工程技术研究中心）。电子信箱：312586383@qq.com

聂丹伟，男，深圳市城市交通规划设计研究中心有限公司（广东省交通信息工程技术研究中心）。电子信箱：757038568@qq.com

向楠，男，深圳市城市交通规划设计研究中心有限公司（广东省交通信息工程技术研究中心）。电子信箱：251025226@qq.com

基于旅游网络文本数据的区域
交通规划方法研究

——以新疆为例

杨晨威　陈晓艳

【摘要】本文以新疆旅游数据为例，通过内容分析法和聚类分析法，对抓取的旅游网络文本信息进行整理分析、可视化，总结其技术流程，并从旅游市场预测、客流预测以及区域交通规划三个方面深入说明旅游文本数据的应用方法。结果表明，此类数据能有效支撑区域交通规划，为前期的基础分析工作提供重要的数据来源。

【关键词】大数据；区域交通规划；聚类分析；可视化

【作者简介】

杨晨威，男，硕士，深圳市城市交通规划设计研究中心有限公司（广东省交通信息工程技术研究中心）。电子信箱：330142953@qq.com

陈晓艳，女，硕士，深圳市城市交通规划设计研究中心有限公司（广东省交通信息工程技术研究中心）。电子信箱：476461646@qq.com

面向感知的城市交通空间规划
设计的思考

陈立扬　　何龙庆　　蒋金勇

【摘要】我国现状总体的城市交通空间品质有待提升，本文通过分析城市交通空间的研究现状，认为交通规划师对于城市交通空间规划设计理论支撑的理解较薄弱，有必要对其全过程及市民的需求进行深入的认识，进而提出利用感知对城市交通空间分析的研究思路。综合视觉、听觉、触觉、嗅觉、方位的感知内容、尺度及影响因素，结合日常观察及文献借鉴，总结出各类型的感知偏好，让我们更加懂得如何去规划设计高品质的城市交通空间。最后，本文对面向感知的实际案例进行了思考，为今后的规划实践提供参考。

【关键词】感知；城市交通空间；规划设计

【作者简介】

陈立扬，男，硕士，深圳市城市交通规划设计研究中心有限公司，工程师。电子信箱：chenly@sutpc.com

何龙庆，男，本科，深圳市城市交通规划设计研究中心有限公司，副总工程师，湛江分院院长，高级工程师。电子信箱：hlq@sutpc.com

蒋金勇，男，博士，深圳市城市交通规划设计研究中心有限公司，湛江分院副院长，高级工程师。电子信箱：jjy@sutpc.com

小学学区慢行稳静规划研究

范恒瑞　何佳利

【摘要】在中国学区制的指引下，小学生通学固定在一定区域内。而小学生是交通出行的弱势群体，实现安全通学是家长、教师、政府管理机构、社区的共同责任。在分析小学生通学特征和学区慢行特征的基础上，从通学路径、节点、场所三个方面，结合实际案例进行研究，以期能为安全学区打造提供素材。

【关键词】学区；慢行；小学生

【作者简介】

范恒瑞，男，硕士，深圳市城市交通规划设计研究中心有限公司（深圳市交通信息与交通工程重点实验室），工程师。电子信箱：fanhengrui2007@163.com

何佳利，女，硕士，深圳市城市交通规划设计研究中心有限公司（深圳市交通信息与交通工程重点实验室），助理交通规划师。电子信箱：hejial@sutpc.com

中央商务区的综合交通发展模式及规划策略研究

宋洪桥　汤　彦　周　福

【摘要】本文以湖南金融中心为研究对象，基于其功能定位和用地空间布局的要求，分析了该类中央商务区的交通发展可能面临的瓶颈问题，并结合国内外先进城市的经验，采用问题导向和目标导向相结合的分析方法，从交通出行特征、交通需求预测、发展模式判断及发展目标制定四个方面研究了湖南省金融中心的综合交通发展模式，并从强化外部联系、优化公交体系、明确道路层级等五个方面提出适合其自身综合交通发展的规划策略。

【关键词】中央商务区；湖南省金融中心；经验借鉴；交通发展模式；规划策略

【作者简介】

宋洪桥，男，硕士，长沙市规划勘测设计研究院，工程师。电子信箱：261760474@qq.com

汤彦，女，硕士，湖南湘江新区国土规划局规划编制处，工程师

周福，男，硕士，湖南湘江新区国土规划局规划编制处，工程师

郑州市综合交通调查特征分析及
发展对策研究

王　静　邓　进　刘剑锋　李金海　杨冠华

【摘要】从交通供给、交通需求和交通运行等方面客观分析郑州第五次综合交通调查出行特征和运行状况；重点对比最近两次居民出行调查的有关数据，通过出行强度、出行方式、出行距离等一系列指标分析 2010～2017 年郑州居民出行需求变化规律、特征及原因；针对机动化比例大幅提高、公共交通服务水平低、出行距离增加、慢行环境差等特点，提出针对小汽车加强交通需求管理、推进公交优先战略、城市空间结构调整同时注重职住平衡、改善慢行环境等建议。

【关键词】综合交通调查；居民出行；出行特征

【作者简介】

王静，女，硕士，北京城建设计发展集团股份有限公司，所总工程师，高级工程师。电子信箱：ann422@qq.com

邓进，男，硕士，北京城建设计发展集团股份有限公司，工程师。电子信箱：1014001151@qq.com

刘剑锋，男，博士，北京城建设计发展集团股份有限公司，副总工程师，教授级高级工程师。电子信箱：405455223@qq.com

李金海，男，硕士，北京城建设计发展集团股份有限公司，高级工程师。电子信箱：289466909@qq.com

杨冠华，男，硕士，北京城建设计发展集团股份有限公司，助理工程师。电子信箱：314352719@qq.com

重庆市主城区城市交通规划
建设与实施评估

张　诚　李　雪

【摘要】重庆市当前正在开展新一轮城乡总体规划编制工作，现行总规实施评估是其中一项重要的工作，目的在于总结规划成效，查找规划实施与城市运行中存在的问题，从而指导新一轮城乡总体规划的编制。本文对标习总书记对重庆提出的"两点"定位、"两地""两高"目标和"十九大"精神，从轨道交通、地面公交、道路交通、慢行系统、停车设施等几个方面，分析主城区城市交通规划及实施情况，讨论当前城市交通存在问题，提出相关对策与建议。

【关键词】交通规划；实施情况；存在问题；对策与建议

【作者简介】

张诚，男，硕士，重庆市交通规划研究院，高级工程师。电子信箱：75204855@qq.com

李雪，女，硕士，重庆市交通规划研究院，高级工程师。电子信箱：1070403886@qq.com

手机信令技术在城市道路规划方案研究中的应用研究

王　磊　王　鹤　纪书锦　于是华

【摘要】大数据技术在国内城市交通规划工作中已得到广泛应用。在丹阳市北二环道路规划方案研究中，采用手机信令技术对运河两侧组团现状交换量及居民出行特征进行调查分析，为道路交通量预测工作提供现状基础数据，支撑道路横断面方案制定，并最终得到工程应用。利用手机信令技术提升了北二环道路规划方案的科学性和合理性，同时也为其他城市类似道路的交通调查及预测提供新的思路。

【关键词】手机信令；道路方案；交通预测；北二环

【作者简介】

王磊，男，硕士，镇江市规划设计研究院，工程师。电子信箱：wl19890409@sina.com

王鹤，女，硕士，镇江市规划设计研究院，工程师。电子信箱：261135567@qq.com

纪书锦，男，硕士，镇江市规划设计研究院，交通所所长，高级工程师，国家注册规划师。电子信箱：467330317@qq.com

于是华，男，学士，镇江市规划设计研究院，工程师。电子信箱：568024671@qq.com

融合视角下城市轨道交通详细规划方法初探

刘　勇

【摘要】城市轨道交通详细规划经过十几年的项目实践和理论探索已成为轨道交通规划体系的重要组成部分，并将随着新时代下交通政策、规划理念、技术手段以及投融资体制机制的创新发展而不断完善。在轨道交通投融资体制机制改革的背景下，轨道交通以交通功能主导的规划模式已逐步向城市功能主导转变，轨道交通详细规划在规划内容的广度、深度及技术方法体系上也应推动轨道与沿线用地从要素融合向功能融合转变。通过加强轨道与沿线用地的互动耦合发展，把轨道交通打造成为具有可经营性的项目，是实现轨道交通外部效益内部化的有效手段，同时也是推动新时期下轨道交通投融资体制机制改革的内在要求。研究结合项目实践，在对城市轨道交通详细规划发展阶段梳理的基础上，提出了新时代下轨道交通详细规划的基础内涵、研究边界及技术与内容框架，最后以中山市1号线一期工程为例进行了规划探索，为后续相关理论研究及项目实践提供参考。

【关键词】轨道交通；详细规划；技术框架；功能融合；中山1号线

【作者简介】

刘勇，男，硕士，深圳市城市交通规划设计研究中心有限公司（广东省交通信息工程技术研究中心），助理工程师。电子信箱：136820453@qq.com

长沙市总体规划综合交通实施效果评估与思考

李晓庆　周　福　李炳林　宋洪桥

【摘要】城市总体规划中的综合交通专项内容是其他交通规划编制的重要依据，也是政府调控交通资源，倡导绿色交通的战略手段。开展总规综合交通实施效果评估，对城市综合交通的建设推进和规划提升具有重要意义。本文在总结国内外城市总体规划交通实施评估经验的基础上，构建城市总体规划交通实施评估体系，对长沙市总体规划综合交通实施情况及存在的问题进行详细分析，并结合新时期发展特点及趋势，针对长沙市交通发展及下一轮城市总体规划综合交通编制改革提出思考与建议，以期对长沙市交通发展以及其他城市开展交通规划实施评估有所助益。

【关键词】城市总体规划；交通规划；规划实施评估；规划改革

【作者简介】

李晓庆，女，硕士，长沙市规划勘测设计研究院，工程师。电子信箱：1156273942@qq.com

周福，男，本科，湖南湘江新区国土规划局，工程师。电子信箱：504316219@qq.com

李炳林，男，硕士，长沙市规划勘测设计研究院，高级工程师。电子信箱：86791011@qq.com

宋洪桥，男，硕士，长沙市规划勘测设计研究院，工程师。电子信箱：261760474@qq.com

基于道路功能导向的城市郊野公园路网规划

——以天津北辰郊野公园一期为例

韩 宇 安 斌 齐 林

【摘要】为加快生态文明建设，天津不断推进城市绿化美化行动，在已启动建设 7 个郊野公园的基础上，结合天津城市空间布局，在中心城区外围和滨海新区等地将再规划建设 9 个城市郊野公园，从而进一步提升城市生态环境。为进一步便捷市民亲近郊野公园，提升郊野公园活力，需要充分构建城市郊野公园交通环境，引导市民更加方便地融入郊野公园。本文以北辰郊野公园规划建设为例，通过对交通环境的改善，使交通环境与自然环境协调发展，使之逐步成为与城市发展相适应的、具有较大规模、自然条件较好、环境舒适宜人、交通有序便利的大都市游憩空间环境。

【关键词】交通引导；郊野公园；生态文明；环境保护

【作者简介】

韩宇，男，硕士，天津市城市规划设计研究院，高级工程师。电子信箱：24886053@qq.com

安斌，男，硕士，天津市城市规划设计研究院，工程师。电子信箱：ghyjts@126.com

齐林，男，硕士，天津市城市规划设计研究院，工程师。电子信箱：tjjtzx@126.com

城市都市区干线铁路改造规划研究

刘刚玉

【摘要】我国多数现代城市的发展始于以铁路作为主要交通方式的年代，伴随城市的不断扩张，城市出现被铁路严重割裂的现象。而对铁路进行立体化改造是实现铁路与城市协调发展的有效手段。本文以长沙为例，探索城市都市区铁路立体化改造的可行性，提出了高架化改造、隧道化改造两个解决思路，最后依据规划协调、土地效益、施工难度、工程造价、景观影响等因素进行综合比选，推荐出适宜片区发展的改造方案。

【关键词】都市区；干线铁路；立体化改造

【作者简介】

刘刚玉，男，硕士，长沙市规划勘测设计研究院、长沙市交通规划研究中心，工程师。电子信箱：gangyuliu@shou.com

港城联动发展条件下港城交通体系初探

——以盐城市滨海港为例

吴建波　何世茂　彭　佳

【摘要】港口作为地区或城市的对外开放窗口，对所在城市或地区的经济社会发展具有重要的推动作用，结合港口与后方城区的发展阶段，构建高效的港城交通模式与体系将进一步促进港城间健康、高质量的发展。本文以盐城市滨海港为例，针对滨海港区发展阶段、产业发展特征以及与后方城区的空间区位关系，结合港口产业货运种类及客流交通运输特征，构建滨海港在不同发展阶段与后方腹地城区的客货交通发展模式与交通体系，促进港区与城区的高效联系，实现港城联动，均衡发展的目标。

【关键词】交通规划；港城关系；发展模式

【作者简介】

吴建波，男，硕士，南京市城市与交通规划设计研究院股份有限公司，工程师。电子信箱：644426645@qq.com

彭佳，男，博士，南京市城市与交通规划设计研究院股份有限公司，高级工程师。电子信箱：123041446@qq.com

何世茂，男，南京市城市与交通规划设计研究院股份有限公司，研究员级高级城市规划师。电子信箱：353807159@qq.com

区域协调发展背景下的综合交通
发展研究

——以宁波市镇海区为例

葛宇然　朱　勋

【摘要】以宁波市镇海区为例，从区域协调角度出发，在大数据环境下结合实地调研，定量分析镇海区多中心组团式发展过程中同周边地区的需求联系，聚焦内部综合交通体系现阶段的建设水平和发展研判，以此为导向实现与周边区域协调衔接，为形成内外衔接顺畅、内部功能清晰、多种交通方式相协调的综合交通系统提供有力的支撑依据。

【关键词】大数据；量化分析；内外交通；综合评价

【作者简介】

葛宇然，男，本科，宁波市镇海规划勘测设计研究院，助理工程师。电子信箱：358062952@qq.com

朱勋，男，硕士，宁波市镇海规划勘测设计研究院，规划三所所长，高级工程师。电子信箱：silmon@163.com

济南市中小学生出行特征多维
分析及改善策略

张 燕

【摘要】随着城市发展及空间扩大，既有的各类资源的关系随之改变，城市交通问题日益突出。在各类城市交通出行目的中，一般以通勤出行为主。其中，除上下班通勤，中小学生的上下学通勤出行也占了较大的比重，学校周边也是城市拥堵问题突出的区域。中小学生作为弱势群体中的一部分。改善其出行环境，不仅是城市交通改善的重点，也是改善民生水平的重要举措。本文从基础交通调查出发，对城市中心城区内各区域、各类型中小学生进行全面的出行特征调查，不仅对各类出行特征进行统计分析，更利用多类型数据和数据图形分析方法，多维度、直观地剖析出行方式特征、资源空间分布形态关系、出行习惯与资源分配的关系及成因，发现了资源分配对中小学生出行的关键作用。并从城市规划、道路设计、交通管理等多方面提出下阶段的规划提升策略，从根本上协调提升民生环境。

【关键词】改善民生；资源分布；中小学生；出行特征

【作者简介】

张燕，女，硕士，济南市规划设计研究院，工程师。电子信箱：lucky_zy1216@163.com

重庆市交通规划实施评估与运行监测工作体系研究与实践

李棠迪　张建嵩　雷强胜

【摘要】交通设施的规划实施评估多伴随阶段性的城市总体规划实施评估开展，整体来看，我国尚未建立起一套比较完善、得到普遍认可的实时交通规划实施评估工作体系。随着先进规划理念的日益普及、信息化手段的不断丰富与完善，定量和定性相结合的技术方法已经越来越多地运用在规划实施评估工作之中。本文结合重庆实际，探索建立科学合理的规划实施评估与运行监测的工作体系机制，明确采用什么样的方法和路径，来实现跟踪监测各类交通规划的实施，并对其开展运行评估，保障该项工作顺利开展、结论正确，提升实效性、操作性和全面性。

【关键词】交通规划；实施监测；运行评估；技术体系；动态反馈；重庆市

【作者简介】

李棠迪，女，硕士，重庆市交通规划研究院，高级工程师。电子邮箱：litangdi@163.com

张建嵩，男，博士，重庆市交通规划研究院，副总工程师，交通信息中心主任，正高级工程师。电子邮箱：jiansongzhang@sina.com

雷强胜，男，硕士，重庆市交通规划研究院，高级工程师

临空经济区交通特征及交通规划策略研究

——以青岛新机场临空经济区为例

刘淑永　耿现彩

【摘要】临空经济区交通特征明显异于其他区域，临空经济区交通可分为对外交通、组团间交通、组团内交通三个层次，三个层次的交通具有不同的特征和要求。本文借鉴国外临空经济区交通系统规划建设经验，对青岛新机场临空经济区的交通特征和交通规划策略进行分析研究，提出以空港枢纽为中心，构筑"双网"，实现临空经济区一体化交通网络；分离机场交通与临空经济区通勤交通；设置可变车道适应潮汐交通等规划策略，可供其他临空经济区在编制交通规划时作为参考。

【关键词】临空经济区；交通特征；规划；策略；研究

【作者简介】

刘淑永，男，硕士，青岛市城市规划设计研究院，交通研究中心副主任，高级工程师。电子信箱：734141540@qq.com

耿现彩，女，硕士，青岛市城市规划设计研究院，工程师。电子信箱：gengxc20088@163.com

对国内城市规划轨道交通环线的思考

顾志兵

【摘要】本文主要回顾了我国城市轨道交通（不含有轨电车）的发展历程和目前已经取得的巨大成就，并对国内各城市的轨道环线规划研究及在建情况进行了统计和汇总。对城市轨道环线的功能及设置条件进行了梳理、概况，并对国内城市在规划设计轨道环线方面暴露出的问题进行了总结和分析。在此基础上，对国内城市规划设计轨道环线提出了针对性的建议，以期为国内城市在今后论证轨道环线时提供些许抛砖引玉的观点和思考。

【关键词】轨道交通；规划；轨道环线；城市空间

【作者简介】

顾志兵，男，硕士，上海城市综合交通规划科技咨询有限公司，交通规划二部部门经理，高级工程师。电子信箱：steaven8848@sina.com

金山铁路对我国市域铁路发展的启示

吉婉欣　王　祥　杨　晨

【摘要】本文从改善大城市远郊新城与中心城区之间的交通出行、优化完善远郊新城进出中心城区的交通模式、促进远郊新城快速发展等方面总结了上海金山铁路开通运行 5 年多来所取得的主要成就。通过与其他联系远郊新城与中心城区的轨道交通进行比较，从客流效益、运行组织模式、对沿线城镇土地利用开发的促进、出行效率等方面总结了金山铁路目前仍然存在的主要问题。最后提出利用既有铁路改建为市域铁路服务大城市市通郊客运的几点启示，包括采用城市轨道交通的运营管理模式，尽可能引入城镇中心与城市轨道交通实现融合，调整优化完善市郊铁路车站周边土地利用规划并促进沿线土地利用开发，尽量避免与干线铁路共线实现相对独立运营等。

【关键词】市域铁路；客流效益；出行效率；公交化

【作者简介】

吉婉欣，女，硕士，上海市城乡建设和交通发展研究院，工程师。电子信箱：1013368335@qq.com

王祥，男，硕士，上海市城乡建设和交通发展研究院，交通规划室主任，高级工程师

杨晨，男，博士，上海市城乡建设和交通发展研究院，交通规划室副主任，高级工程师

新型交通模式下上海综合交通模型的改进思路

王　媛　蒋晗芬　郑凌瀚

【摘要】随着"互联网+"技术的不断发展，新型交通模式不断诞生。既有的上海综合交通模型中对新交通模式缺乏考虑，本文结合调查数据和大数据监管平台数据，对共享单车、网约车、自行车以及出租车等的使用人群、使用目的、出行距离、时间、出行分布、上下客点、时辰分布、出行结构等出行特征进行分析，并对既有交通模式的影响进行分析，从而提出了新交通模式下上海综合交通模型改进的思路、框架和具体改进方法，为进一步改进上海综合交通模型提供技术基础。

【关键词】新型交通模式；综合交通模型；共享单车；网约车；仿真居民库

【作者简介】

王媛，女，博士，上海市城乡建设和交通发展研究院，高级工程师。电子信箱：sophiawy2003@qq.com

蒋晗芬，女，硕士，上海市城乡建设和交通发展研究院，总工程师，教授级高级工程师

郑凌瀚，男，硕士，上海市城乡建设和交通发展研究院，助理工程师

绿色发展理念下赣江新区绿色
交通规划与实践

姚伟奇　于　鹏　李潭峰

【摘要】本文从广义层面讨论绿色交通发展的内涵，提出对绿色交通发展理念新的理解。结合赣江新区发展定位提出其绿色交通发展目标。充分衔接赣江新区总体规划，从交通设施与城市空间协调布局、促进公共交通优先发展的设施布局、建设以人为本的步行与自行车交通系统、构建便捷高效的骨干交通网络等方面提出赣江新区绿色交通发展策略。

【关键词】绿色交通；交通规划；赣江新区

【作者简介】

姚伟奇，男，硕士，中国城市规划设计研究院，工程师。电子信箱：116197698@qq.com

于鹏，男，硕士，中国城市规划设计研究院，工程师。电子信箱：345959341@qq.com

李潭峰，男，博士，中国城市规划设计研究院，高级工程师。电子信箱：3275291@qq.com

北京市老城区交通规划策略研究

陈冠男　　盖春英

【摘要】北京老城内有各类重点文物、文化设施、重要历史场所，是古都历史风貌的重要组成部分。在老城交通规划中，如何保护老城整体风貌是各界聚焦的核心问题。本文在老城交通问题分析的基础上，结合老城的实际特点及发展交通、保护文物和历史风貌等的需要，立足于"坚持以人为本"、"强化绿色交通"、"恢复胡同空间"三大规划目标，形成了一套适合北京老城的独特的交通规划策略。具体策略包括：①针对不同人群的交通需求采用差异化的响应策略；②针对不同分区的交通方式采取差异化的引导策略；③针对不同区域的交通设施实行差异化供给策略等八项，这些策略可为相关管理部门和国内同类地区提供一定的参考和借鉴。

【关键词】北京；老城；交通规划；策略

【作者简介】

陈冠男，女，硕士，北京市城规划设计研究院交通规划所，工程师。电子信箱：hellocgn@126.com

盖春英，女，博士，北京市城规划设计研究院交通规划所，主任工程师，教授级高级工程师

手机数据在城市居民出行特征分析中的应用实践

李明高　杨冠华　刘剑锋　王　静　廖　唱

【摘要】在对原始手机数据有效性清洗的基础上，采用活动—停留识别算法对手机数据进行处理分析，得到 2017 年枣庄市人口分布以及居民出行率、出行 OD 分布、出行时间分布、出行距离和时间等出行特征规律，并与 2017 年枣庄市居民出行调查得到的数据进行对比分析。研究结果表明，手机信令数据存在对短距离出行识别误差较大的不足，但利用手机信令数据分析得到的居民出行特征规律与居民出行调查得到的结果基本吻合，通过分析手机数据可较准确地掌握城市居民出行特征规律。

【关键词】城市交通；手机数据；出行特征；居民出行调查

【作者简介】

李明高，男，博士，北京城建设计发展集团股份有限公司，工程师。电子信箱：liminggao@bjucd.com

杨冠华，男，硕士，北京城建设计发展集团股份有限公司，工程师。电子信箱：yangguanhua@bjucd.com

刘剑锋，男，博士，北京城建设计发展集团股份有限公司，副总工程师，主任，教授级高级工程师。电子信箱：liujianfeng1@bjucd.com

王静，女，硕士，北京城建设计发展集团股份有限公司，所总工程师，高级工程师。电子信箱：wangjing2@bjucd.com

廖唱，女，硕士，北京城建设计发展集团股份有限公司，工程师。电子信箱：liaochang@bjucd.com

手机信令数据在长沙市城市与交通规划中的应用

刘　令　闫常鑫　谌志强　刘　奇

【摘要】与传统数据相比，手机信令数据具有样本量大、时效性高、动态性强以及"反映人的需求"等特点，是城市与交通规划的研究热点之一。本文以长沙市为例，首先阐述了长沙市手机信令数据的数据概况，并结合城市交通分析区，基于可视化与分析软件 CityPhi 和 Python 建立手机信令数据系统。其次，研究城市职住以及城市空间特征，研究发现长沙单中心集聚现象凸显，外围组团城市建设开发强度相对落后。再次，研究城市对外联系及城市交通需求，从全国及省域两个层面把握长沙与各城市群及省内城市的交流联系强度；识别长沙以中心分区为中心的十字形城市客流走廊，并重点分析城市过江交通需求特征。最后，总结长沙市手机信令数据分析应用现状并对未来研究方向进行展望。

【关键词】大数据；手机信令；长沙市；交通规划；CityPhi

【作者简介】

刘令，男，硕士，长沙市规划勘测设计研究院，工程师。电子信箱：121720928@qq.com

闫常鑫，男，硕士，长沙市规划勘测设计研究院，主任，高级工程师。电子信箱：332900970@qq.com

谌志强，男，硕士，长沙市规划勘测设计研究院，主任工程

师，高级工程师。电子信箱：250305263@qq.com

刘奇，男，硕士，长沙市规划勘测设计研究院，主任工程师，高级工程师。电子信箱：70953008@qq.com

低收入群体出行特征及
交通规划应对

——以南昌为例

杨宇星　刘志杰　席阳峰　戴旭东

【摘要】研究低收入群体的出行特征并提出规划应对是社会公平性及包容性的重要体现。本文通过南昌市居民出行调查数据，定量分析南昌市低收入群体的空间分布特征以及出行强度、出行目的、出行方式等交通出行特征，得出南昌市低收入群体的独特出行特征，并根据空间分布情况提出针对性的交通规划策略，体现规划对低收入群体的关注。

【关键词】居民出行调查；低收入群体；出行特征

【作者简介】

杨宇星，男，硕士，深圳市城市交通规划设计研究中心有限公司（广东省交通信息工程技术研究中心），高级工程师。电子信箱：yyx@sutpc.com

刘志杰，男，硕士，深圳市城市交通规划设计研究中心有限公司（广东省交通信息工程技术研究中心），工程师。电子信箱：2059470971@qq.com

席阳峰，男，硕士，深圳市城市交通规划设计研究中心有限公司（广东省交通信息工程技术研究中心），助理工程师。电子信箱：xiyangfeng@foxmail.com

戴旭东，男，硕士，深圳市城市交通规划设计研究中心有限公司（广东省交通信息工程技术研究中心），助理工程师。电子信箱：daixd@sutpc.com

沿江道路发展策略研究

张协铭　　王应华　　齐远　　铁自通

【摘要】沿江景观是城市的宝贵资源，而沿江道路通常也以慢行交通为主，但随着城市交通量的不断增长，沿江道路也不可避免地承担了更多的交通功能，如何看待和处理日益增长的机动车交通与慢行交通之间的关系，对沿江道路的发展至关重要，对城市的发展也有着深远影响。本文结合国内外城市沿江道路的发展经验，从城市空间结构、路网格局、景观资源、交通影响等方面论述了沿江道路的功能定位，明确提出了沿江道路提出以人为本的发展思路，同时针对日益严重的交通问题给出了解决办法，在满足交通需求的同时，也满足人们对优美生态环境需求，实现了"交景共享"。望为国内城市沿江道路的发展探索一条明确可行的路径。

【关键词】沿江道路；以人为本；生态环境；交景共享

【作者简介】

张协铭，男，硕士，深圳市城市交通规划设计研究中心有限公司（广东省交通信息工程技术研究中心），高级工程师。电子信箱：17203126@qq.com

王应华，男，硕士，南昌市城乡规划局，工程师。电子信箱：447000997@qq.com

齐远，男，硕士，深圳市城市交通规划设计研究中心有限公司（广东省交通信息工程技术研究中心），工程师。电子信箱：38545490@qq.com

铁自通，男，本科，深圳市城市交通规划设计研究中心有限公司（广东省交通信息工程技术研究中心），助理工程师。电子信箱：3965997@qq.com

老城区道路综合整治与协同
规划研究

谢 灿 邵 挺 张 鸿

【摘要】随着城市的更新，老城区内部分道路的功能不仅仅局限于保障居民的基本出行，更是支撑沿线区块更新的纽带、城市形象展示的轴线、居民公共服务及休闲游憩的依托。老城区道路在运行多年以后，势必需要改造提升，但由于此类道路建设时间较早、建设标准较低、宽度预留不足等原因，实现整体提升的难度较大。基于此，本文以典型的城市主干路综合整治为案例，旨在探索路内与路外空间的整合与统筹考虑，同时协同轨道交通建设、沿线建筑后退空间整治等，达到整体提升的目的。综合整治与协同规划弱化了道路红线的界定，它由道路红线内的控制与红线外的引导两部分组成，红线内控制主要进行"道路交通一体化设计"，确定实现道路复合功能条件的平面、横断面布置、竖向设计以及与轨道交通、地面常规交通、市政管线的协同规划等，红线外引导则充分利用红线与建筑后退间的开放空间完善各类慢行系统设施、市政基础设施、街头绿地等。

【关键词】道路综合整治；功能复合；协同规划

【作者简介】

谢灿，男，本科，宁波市鄞州区规划设计院，工程所所长，工程师。电子信箱：758533676@qq.com

邵挺，男，本科，宁波市鄞州区规划设计院，助理工程师，规划师。电子信箱：332363285@qq.com

张鸿，男，本科，宁波市鄞州区规划设计院，工程师，规划师。电子信箱：1046652811@qq.com

构筑畅达绿色活力大学科技城

——以长沙岳麓山国家大学科技城综合交通规划为例

赵政宇　周　福　文　颖

【摘要】岳麓山国家大学科技城集校区、城区、景区、园区"四位一体"，定位为全国领先的自主创新策源地、科技成果转化地和高端人才集聚地。是助力长沙创建国家中心城市和湖南湘江新区跨越发展的重要手段，其区域交通基础设施配置必须作战略性提升。本文全面分析了岳麓山大学科技城交通发展特征，剖析了大学科技城区位、地形特征、现状存在主要问题以及交通发展要求。明确岳麓山大学科技城发展使命目标，从对外交通、道路交通、公共交通、静态交通、慢行交通、智慧交通六个方面提出优化策略和方案，全面提升岳麓山大学科技城对外交通和内部交通，对指导岳麓山大学科技城建设具有重要意义。

【关键词】大学科技城；湘江新区；综合交通规划；交通枢纽；公共交通；智慧交通

【作者简介】

赵政宇，男，硕士，长沙市规划勘测设计研究院，助理工程师。电子信箱：andongni@yeah.net

周福，男，本科，湖南湘江新区国土规划局，工程师。电子信箱：584316219@qq.com

文颖，男，硕士，长沙市规划勘测设计研究院，高级工程师。电子信箱：183617183@qq.com

基于村民出行特征分析的安置区交通规划设计

高　瑾　李文华

【摘要】随着城市化步伐的加快，城市出现了还迁村民这一特定群体。为了使还迁安置区村民更好地融入城市生活，需要切实实现人的城镇化。交通作为城市人的四种基本活动之一，是还迁安置区规划中重要的一环。本文以天津市快速城镇化和示范小城镇建设为背景，选取城镇重点发展轴带上、城市重点拓展区内和外围欠发达区三个不同区位的示范镇的还迁村民安置前出行特征的调查数据，总结出行特征呈现的共性和差异，通过分析发现由于公交服务水平不高，村民长期处于被动采用小汽车出行的特点。从外部环境的因素和交通系统内部的因素综合分析其出行特征原因，并从集中还迁后交通需求趋势分析出发，提出还迁安置区在交通服务方面应着力解决的问题，从交通设施、交通运输、交通管理等三个方面提出交通规划设计方案，体现现代交通服务的公平正义。

【关键词】还迁村民；还迁安置区；出行特征；交通服务；城镇化

【作者简介】

高瑾，女，硕士，天津市城市规划设计研究院，工程师。电子信箱：gjmlss_seu@163.com

李文华，女，硕士，天津市城市规划设计研究院，工程师，中级工程师。电子信箱：gjmlss_seu@163.com

湾区融合背景下组团型城市
干线路网规划研究

向志威　王　园

【摘要】城市干线道路网作为强化城市区域联动、支撑城市空间结构拓展、提升城市运作效率、引导用地开发的重大基础设施，在城市规划和建设过程中被日益重视。本文结合深圳、新加坡等先进城市的经验，对干线路网的功能定位、分级体系进行了梳理，对干线路网的规划方法以及干线道路设置的技术要点进行了探索。并以珠海市干线路网的规划布局为例，依托城市和组团联通诉求、交通需求及工程条件等多方面因素，研究明确了珠海市干线路网规划布局方案。

【关键词】交通规划；干线路网；粤港澳大湾区；分散组团城市；珠海市

【作者简介】

向志威，男，硕士，珠海市规划设计研究院，工程师。电子信箱：512140674@qq.com

王园，女，硕士，珠海市规划设计研究院，工程师

04 交通治理与管控

城市快速路拥堵出口上游
交通流管控对策研究

【摘要】 随着城市快速路交通流量的迅速增长，快速路出口拥堵问题已成为制约快速路通行效率、诱发交通事故的主要因素。本文从拥堵压力矛盾转移和交通流量空间均分的视角，提出了一种城市快速路出口拥堵状态下上游路段交通流管控的对策，通过延长车辆在上游路段的行驶时间，降低车辆到达拥堵出口的到达速度，在一定程度上缓解出口匝道的交通拥堵，以提高快速路拥堵区域安全性和整体通行效率。

【关键词】 城市快速路；出口匝道；拥堵；交通控制

【作者简介】

李哲，女，硕士，铁道警察学院，讲师。电子信箱：
lizhe@rpc.edu.cn

王建强，男，本科，公安部交通管理科学研究所，研究员。
电子信箱：qjwangjq@163.com

厦门轨道交通建设期间综合交通改善研究

孟永平

【摘要】为了缓解城市交通拥堵，改变出行结构，优化城市空间布局，许多大城市正在进行大规模轨道交通建设。轨道交通建设期间势必对城市交通产生较大影响，如何开展轨道交通建设期间综合交通改善，确保居民正常交通出行，显得尤为重要。本文在厦门城市交通运行现状分析的基础上，分别从路网、公共交通和拥堵区域交通缓解提出了综合交通改善方案，为改善厦门城市交通、提升城市交通运行效率发挥重要作用，也为正在建设进行大规模轨道交通建设的城市提供了非常有价值的参考。

【关键词】综合交通改善；路网；公共交通；交通拥堵

【作者简介】

孟永平，男，厦门市交通研究中心，副总工程师兼信息模型所所长，高级工程师，注册城市规划师，注册咨询工程师。电子信箱：myp24@163.com

基于 SSAM 进行快速路合流区
安全评价的有效性验证研究

黄 飞

【摘要】间接交通安全评价方法（SSAM）作为一种新型的交通安全评价方法受到广泛关注。本文选取城市快速路合流区作为研究对象，在不同交通流量下分别建立实际冲突和仿真冲突之间的线性回归模型，对基于 SSAM 进行安全评价的有效性进行验证研究。研究结果表明在高流量下实际冲突与仿真冲突高度相关，在低流量下两者则没有显著的关联。此外，比例检验方法表明不同仿真冲突类型和实际冲突类型所占比例基本相同。

【关键词】间接安全评价模型（SSAM）；安全评价；仿真交通冲突

【作者简介】

黄飞，男，硕士，东南大学建筑设计研究院有限公司，工程师。电子信箱：594717729@qq.com

中等城市老城区有机更新中的交通治理思考

刘志谦

【摘要】目前我国各类中等城市普遍进入城镇化快速发展时期，老城更新和新区拓展成为中等城市规划建设的主旋律。在中央城市工作会议和党的十九大会议精神指引下，以大中城市为代表的老城区应该树立有机更新的系统思想，以"精明增长"、"紧凑城市"为发展理念，统筹老城区生产、生活、生态三大布局，提高城市发展的宜居性。本文以遂宁市为案例，探讨了我国中等城市发展特征以及在老城区有机更新中交通治理的思路和策略，以期为其他中等城市老城区交通系统治理提供有益借鉴参考。

【关键词】中等城市；老城更新；有机更新；交通治理

【作者简介】

刘志谦，男，硕士，深圳市都市交通规划设计研究院有限公司，工程师。电子信箱：407580145@qq.com

城市交通拥堵分类研究

——以南京市为例

徐　婷　杨明丽　杨丽丽

【摘要】城市交通拥堵问题目前已经成为困扰全球众多城市的"顽疾"。同一种问题，在不同城市，乃至同一城市的不同区域，因影响因素变动或多因素叠加权重的不同，将会表现出差异化的特征。本文以南京市为例，对城市交通发展现状、拥堵特征进行了分析评估，创新性地对城市交通拥堵问题进行了分类研究，剖析不同类别拥堵的主导诱因，并针对性地提出建设层面的治堵策略及方向，有助于南京更有效地应对拥堵问题，同时也为国内其他城市提供借鉴参考。

【关键词】城市交通；拥堵特征；分类研究；拥堵治理

【作者简介】

徐婷，女，硕士，江苏苏邑市政工程设计有限公司，工程师。电子信箱：471738830@qq.com

杨明丽，女，本科，泛华建设集团有限公司南京设计分公司，工程师。电子信箱：287767387@qq.com

杨丽丽，女，硕士，泛华建设集团有限公司南京设计分公司，工程师。电子信箱：549433659@qq.com

基于多源数据的苏州交通大整治
成效分析研究

郑梦雷　陈　犟　葛　梅　梁　华

【摘要】城市交通问题一直是重点民生问题之一，从市民的投诉里提取出的交通信息更能一针见血地反映实际问题，对于辅助交管部门评估工作成效并及时制定对应措施改善交通问题具有重要意义。本文以苏州姑苏区交通舆情数据为核心，融合实时车速、交通违法和交通事故数据，对苏州姑苏区交通大整治工作成效进行多维度的分析研究。本文形成了带有苏州本地化属性的交通专业词库，成功应用了基于模式匹配的文本挖掘技术，应用地理信息技术，将民意处理成时间、位置和交通事件的三维量化信息，进行空间可视化及统计分析。研究结果表明多源数据分析结果与实际交通情况十分吻合，能较好地为交管部门提供工作评估手段和管理决策支持。

【关键词】交通舆情；模式匹配；文本挖掘；地理信息；苏州

【作者简介】

郑梦雷，女，硕士，苏州彼立孚数据科技有限公司，助理工程师。电子信箱：1170067846@qq.com

陈犟，男，学士，苏州规划设计研究院股份有限公司，交通所副总工程师，高级工程师。电子信箱：14618795@qq.com

葛梅，女，学士，苏州彼立孚数据科技有限公司，助理工程

师。电子信箱：691707529 @qq.com

梁华，男，硕士，苏州市公安局姑苏分局交警大队，秩序管理中心副主任。电子信箱：27267861@qq.com

交通安全管理规划研究

——以南通市为例

纪 魁 马健霄

【摘要】交通安全管理是提高城市交通运行效率、保障道路交通安全的重要手段。在创新、协调、绿色、开放和共享五大发展理念指导下，交通安全管理应该有新的内容和任务。文章以南通市为例，对其交通安全管理进行了规划研究，提出从源头管理、综合治理、供给侧改革、精细化管理、信息平台构建、安全设施建设六个方面提升交通管理水平，以期对其实际工作及同类型城市开展交通安全管理规划提供一定借鉴。

【关键词】交通安全管理；源头管理；精细化管理；供给侧改革

【作者简介】

纪魁，男，博士，江苏省城市规划设计研究院，工程师。电子信箱：397299100@qq.com

马健霄，男，博士，南京林业大学，教授。电子信箱：majx@njfu.edu.cn

"建—管综合措施"在学校周边交通改善中的应用研究

——以佛山市南海区中心小学为例

赵　磊　刘祥峰　刘　敏　薛坤伦　叶建斌

【摘要】我国各大城市优质教育资源往往分布在城市成熟区和老旧片区，导致学校周边配套交通服务能力十分有限。同时，随着人们生活水平不断提升，对品质化住房、品质化出行的不断追求，学校与居住空间距离被不断拉开，大量学生上下学采用小汽车，使得学校周边有限的道路拥堵严重。本文以佛山市南海中心小学为例，研究"硬件改善+交警、家长、学校三位一体管理"的"建—管"综合措施，并通过实际应用，总结使用效果，为其他学校周边交通改善提供借鉴和参考。

【关键词】建—管综合措施；交通组织优化；警家校模式

【作者简介】

赵磊，男，硕士，深圳市城市交通规划设计研究中心有限公司（广东省交通信息工程技术研究中心），中级工程师。电子信箱：774092920@qq.com

刘祥峰，男，深圳市城市交通规划设计研究中心有限公司（广东省交通信息工程技术研究中心）。电子信箱：61912769@qq.com

刘敏，男，深圳市城市交通规划设计研究中心有限公司（广

东省交通信息工程技术研究中心）。电子信箱：ctminliu@163.com

薛坤伦，男，深圳市城市交通规划设计研究中心有限公司（广东省交通信息工程技术研究中心）。电子信箱：625573930@qq.com

叶建斌，男，深圳市城市交通规划设计研究中心有限公司（广东省交通信息工程技术研究中心）。电子信箱：694870377@qq.com

城市高新技术区交通改善研究

——以深圳市高新区南区为例

赵锦添　刘光辉　王文修　杨肇琛　王耀鑫

【摘要】近年来，国内各大城市职住分离现象日益显著，城市高新技术区作为岗位密集区域，面临着越来越大的交通压力。城市高新技术区客流具有规模大、高峰集中、潮汐性明显、出行构成简单等特征，高峰期以通勤需求为主。深圳市高新区南区作为城市发展的排头兵，具有较高的代表性。通过分析区域交通现状与居民出行特征，探讨园区内未来交通发展趋势，以构建"轨道/公交+慢行"为核心出行方式为目标，按照"安全高效，便捷舒适"的原则，优化道路交通组织，完善公交系统，构筑立体慢行网络。一方面可以缓解园区道路交通压力、提高通行效率，另一方面可以改善交通环境，满足居民出行品质需求。希望以深圳市科技园南区为例，探索城市高新技术区交通发展新模式。

【关键词】高新技术区；交通改善；公共交通；慢行交通

【作者简介】

赵锦添，男，深圳市城市交通规划设计研究中心有限公司（广东省交通信息工程技术研究中心）。电子信箱：597952418@qq.com

刘光辉，男，深圳市城市交通规划设计研究中心有限公司（广东省交通信息工程技术研究中心）。电子信箱：1521586030@qq.com

王文修，男，深圳市城市交通规划设计研究中心有限公司（广东省交通信息工程技术研究中心）。电子信箱：306259283@qq.com

杨肇琛，男，深圳市城市交通规划设计研究中心有限公司（广东省交通信息工程技术研究中心）。电子信箱：276057383@qq.com

王耀鑫，男，深圳市城市交通规划设计研究中心有限公司（广东省交通信息工程技术研究中心）。电子信箱：465341907@qq.com

复杂交通环境下城市道路交叉口综合治理研究

——以北京崇文门交叉口为例

段进宇　姚雪娇　陈琳

【摘要】随着我国工业化与城镇化进程的加速，"大城市病"也在逐渐凸显，城市交通拥堵是城市病的突出现象。城市道路交叉口作为道路交汇节点，集中了不同方向的转向与通行需求，常是路网中产生交通延误最多的地方，交叉口的通行效率与秩序对城市交通的整体效率具有重要作用，也是可缓解"大城市病"的切入点。研究以北京崇文门外大街与崇文门大街交叉口为对象，在交通流量大、人流集中、交通环境与运行情况复杂的背景下，从交叉口瓶颈突破、交通组织精细优化、交通秩序规范管理切入，结合交管实际缓解交通通行效率与秩序不良的双重问题，并提出复杂交通环境下交叉口问题与改善策略的分析路径及方法，为综合改善非新建交叉口的提供切实可行的措施。

【关键词】交叉口；复杂环境；综合治理；交通组织

【作者简介】

段进宇，男，博士，深圳市城市交通规划设计研究中心有限公司，北京分院院长，高级工程师，注册城乡规划师

姚雪娇，女，硕士研究生，深圳市城市交通规划设计研究中心有限公司。电子信箱：yaoxj@sutpc.com

陈琳，女，硕士研究生，深圳市城市交通规划设计研究中心有限公司，高级工程师，注册城乡规划师

高速公路交通拥堵或事故状态下限速策略研究

赖 旭

【摘要】高速公路发生交通拥堵或事故不及时处理容易引起二次交通拥堵或事故，影响高速公路正常通行。现有研究通常是建立高速公路交通流模型来反映交通流运行状态，根据交通流运行状况制定限速控制策略，但是现有模型仍然不能很好地反映交通流的运行状态。本文通过分析 VSL 控制模型和动态交通流模型的不足之处，引入等价速度模型建立分段限速控制的综合模型。该改进模型能够更好地反映高速公路交通流的实时运行状态，依托高速公路监控系统制定分段限速控制策略，可以平滑地过度高速公路交通流，降低交通延误，保障高速公路交通安全，减少人员伤亡和经济损失。

【关键词】高速公路；等价速度；综合模型；限速控制

【作者简介】

赖旭，男，硕士，深圳市城市交通规划设计研究中心有限公司（深圳市交通信息与交通工程重点实验室），工程师。电子信箱：568225417@qq.com

基于安全管控的自动驾驶发展
路线图研究

李文斌　孙　超　邵　源　聂丹伟　张　凯

【摘要】近年来，全球主要国家或地区纷纷加快自动驾驶技术研发和推广应用。目前自动驾驶主流研究方向是突破自动驾驶车辆技术，逐步实现不同等级的自动驾驶。但自动驾驶发展瓶颈不仅限于技术层面，还体现在法律法规、交通管理、技术标准等顶层设计层面。本文从自动驾驶测试法律法规、道路适驾性研究、测试车辆安全管控等角度，研究提出自动驾驶发展路线图。

【关键词】自动驾驶；发展路线图；道路适驾性研究；测试车辆安全管控

【作者简介】

李文斌，男，深圳市城市交通规划设计研究中心有限公司（广东省交通信息工程技术研究中心）。电子信箱：1142317494@qq.com

孙超，男，深圳市城市交通规划设计研究中心有限公司（广东省交通信息工程技术研究中心）。电子信箱：649167196@qq.com

邵源，男，深圳市城市交通规划设计研究中心有限公司（广东省交通信息工程技术研究中心）。电子信箱：8870754@qq.com

聂丹伟，男，深圳市城市交通规划设计研究中心有限公司

（广东省交通信息工程技术研究中心）。电子信箱：757038568@qq.com

张凯，男，深圳市城市交通规划设计研究中心有限公司（广东省交通信息工程技术研究中心）。电子信箱：zorg47@126.com

基于故障树和汽车侧向安全边界的公路线形安全性评价

王 凯 陈一锴 陈志健 宋家骅 黄 伟

【摘要】为提高公路线形安全评价的准确性，提出一种基于故障树和汽车侧向安全边界的公路路段单位距离平均事故概率计算方法。首先，依据故障树分析理论，构建综合考虑转向失稳、失去轨迹保持能力、侧翻事故、追尾事故的路段单位距离平均事故概率计算模型。其次，提出上述事故类型的评价指标，并依据汽车动力学理论确定各指标的安全边界。再次，基于宁洛高速公路（G36）蚌宁段的几何线形数据，采用 CarSim 构建人—车—路多体动力学仿真模型，获取随桩号变化的质心侧偏角、横摆角速度、车轮垂直载荷等动力学指标，以等距法划分路段并计算各路段单位距离平均事故概率。最后，将各路段单位距离平均事故概率和每公里平均事故数进行对比，检验评价方法的准确性。回归分析和相关性分析结果表明，本文所提出方法可有效提升现有公路线形安全性评价方法的精度和靶向性，为设计阶段公路几何线形安全评估、已建成公路事故黑点识别提供新的思路。

【关键词】交通工程；故障树；汽车侧向安全边界；公路线形；安全评价；平均事故概率

【作者简介】

王凯，男，深圳市城市交通规划设计研究中心有限公司（深圳市交通信息与交通工程重点实验室）。电子信箱：767274897@

qq.com

陈一锴，男，合肥工业大学汽车与交通工程学院。电子信箱：yikaichen@hfut.edu.cn

陈志建，男，深圳市城市交通规划设计研究中心有限公司（深圳市交通信息与交通工程重点实验室）。电子信箱：chenzhijian021@icloud.com

宋家骅，男，硕士，深圳市城市交通规划设计研究中心有限公司（深圳市交通信息与交通工程重点实验室），副总经理，高级工程师。电子信箱：sjh@sutpc.com

黄伟，男，深圳市城市交通规划设计研究中心有限公司。电子信箱：huangwei128@126.com

基于交通承载力评估的深圳大梅沙景区小汽车交通组织策略研究

彭　建

【摘要】契合景区客流出行特征，量化评估景区小汽车最大承载能力，精细化组织小汽车出行是破解旅游旺季景区交通拥堵的有效手段。本文以深圳市大梅沙景区为例，通过识别高峰游客出行特征，剖析交通拥堵核心原因，定量化评价景区交通系统最大承载力，从交通设施短板完善、交通需求预约调控、交通信息智慧诱导等方面入手，探索景区小汽车出游合理的组织模式，平衡景区发展对便捷交通出行需求和可持续发展之间的关系。

【关键词】大梅沙景区；小汽车客流特征；路网承载力；精细化管理

【作者简介】

彭建，男，硕士，深圳市城市交通规划设计研究中心有限公司，工程师。电子信箱：469848025@qq.com

基于开放数据的交通拥堵治理应用研究

左津豪

【**摘要**】城市交通系统运行复杂，拥堵治理中实地找堵究因过程耗费大量人力成本。本研究基于道路矢量数据构建基本道路信息数据库，调用高德地图路况实时路径规划服务获取道路实时路况数据，利用统计学习算法，对累积路况时态数据进行分析，识别主要常发拥堵路段、拥堵类别及城市总体早晚高峰时段三类关键信息。实际项目应用表明，基于高德地图实时路况数据分析结果符合实际应用需求，互联网地图开放数据分析给城市交通拥堵治理决策及城市交通管理提供了新的解决方法与思路。

【**关键词**】交通大数据；拥堵治理；交通管理

【**作者简介**】

左津豪，男，硕士，深圳市城市交通规划设计研究中心。电子信箱：zuojh@sutpc.com

浅谈交叉口设置"直右"式
公交专用道条件

刘先锋　何嘉辉

【摘要】随着中国经济社会的飞速发展，交通拥堵渐渐从大城市向中小城市蔓延，治堵已成为国内城市常态化任务。面对日益拥堵的城区，设置公交专用道可调节城市交通结构，有效缓解拥堵，而公交专用道设置的瓶颈在于交叉口处。现有国家及相关城市出台的公交专用道设计规范中，公交专用进口道设置条件研究已经较为成熟，但在具体实施中发现，中小城市或者组团发展城市，主要公交走廊上设置公交专用进口道存在困难。究其原因，一方面道路设施不足，另一方面公交客流达不到单独设置公交专用进口道条件。基于现状对传统公交专用口道设置方法进行优化完善，综合考虑道路条件、公交客流、右转车流、交叉口大小、渠化条件等因素，提出交叉口设置"直右"式公交专用道，分析交叉口"直右"式公交专用道设置的条件及效果。

【关键词】公交专用进口道；直右；中小城市；旧城区；拥堵

【作者简介】

刘先锋，男，硕士，深圳市城市交通规划设计研究中心有限公司，工程师。电子信箱：872922270@qq.com

何嘉辉，男，本科，深圳市城市交通规划设计研究中心有限公司，助理工程师。电子信箱：609861213@qq.com

深圳市道路交通突发事件
特征分析

李浩浩　李　林　罗云辉　王　握

【摘要】随着经济水平的发展，深圳市机动车保有量持续增长，深圳交通复杂程度提升，交通压力越来越大，道路突发事件总量、种类也随之增长，并且分布的区域也越来越广。为了缓解交通管理者的压力，可辅助交通管理者根据突发事件特征与突发事件诱导因素的分析进行交通改善。本文在对道路突发事件进行总结分析的基础上，应用时空聚类分析，识别时空分布规律，对道路突发事件多发地区进行分析，同时对警情关联特征进行分析，为交通管理者的应急救援工作提供依据。

【关键词】道路突发事件；警情；时空特征；关联分析

【作者简介】

李浩浩，男，硕士，深圳市城市交通规划设计研究中心有限公司（广东省交通信息工程技术研究中心）。电子信箱：lihaohaoht@163.com

李林，男，硕士，深圳市城市交通规划设计研究中心有限公司（广东省交通信息工程技术研究中心），工程师。电子信箱：316256043@qq.com

罗云辉，男，硕士，深圳市城市交通规划设计研究中心有限公司（广东省交通信息工程技术研究中心），助理工程师。电子信箱：970561982@qq.com

王握，男，硕士，深圳市城市交通规划设计研究中心有限公司（广东省交通信息工程技术研究中心）。电子信箱：m15850570887@163.com

深圳市机动车驾驶员驾驶行为评价分析研究

孙 超 严 治 邵 源

【摘要】驾驶行为是影响安全的行为产生原因、诱发结果等方面开展的研究，包含超速、急加速和急转弯等行为。本文对深圳市驾驶员驾驶行为进行了分析，包括微观层面和宏观层面。微观层面，通过自动编码机和强化学习，分析了驾驶员的驾驶行为特征，识别出对微观驾驶行为的分析标准，主要包含超速、急加速、急减速、横向驾驶行为四类，并分析出危险驾驶的倾向；宏观层面，在微观驾驶行为分析的基础上，基于 Logit 多元素目标聚类方法，多角度交叉分析深圳市驾驶行为总体特征，包括不同类型驾驶员所占比例、危险驾驶与历年道路交通事故的相关性、事故多发段驾驶行为与正常路段驾驶行为的区别等，以为深圳市道路安全管控等提供依据。

【关键词】驾驶行为；自动编码；多元素目标聚类；主动安全；驾驶行为预警

【作者简介】

孙超：男，博士，深圳市城市交通规划设计研究中心有限公司，交通研究业务负责人，高级工程师。电子信箱：sunc@sutpc.com

严治：男，硕士，深圳市城市交通规划设计研究中心有限公司，工程师。电子信箱：yanz@sutpc.com

邵源：男，硕士，深圳市城市交通规划设计研究中心有限公司，城市交通研究院院长，副总工程师。电子信箱：sy@sutpc.com

新型连续流交叉口设计及
分析评估方法

于丰泉　孙烨垚　黄朝阳

【摘要】特殊道路交通条件限制下，传统的交通改善方法对城市道路关键节点运行效率提升的瓶颈效应日益凸显。连续流交叉口（continuous-flow intersections，CFIs）作为一种非常规交叉口的设计与控制方法，对于高左转、直行流量诱发的拥堵具有较好的改善效果。然而目前对其缺少可靠、方便的设计及分析评估方法。连续流交叉口由一个主交叉口和若干次交叉口组成，现有的分析模型无法有效地反映 CFI 的交通延误及排队长度等指标。因此，本文提出一种基于通行能力分析和微观交通仿真技术的 CFI 评价指标分析评估方法。最后，以深圳市福华路—彩田路信号控制交叉口为例，对其进行了连续流交叉口渠化设计，并对其实施前后的排队长度、服务水平、QL 比值等评价指标以及排队溢出位置进行了分析评估。设计及评估方法为 CFI 设计方案的优化以及实施效果分析评估提供了参考。

【关键词】连续流交叉口；评估方法；微观交通仿真

【作者简介】

于丰泉，男，硕士，深圳市城市交通规划设计研究中心有限公司（广东省交通信息工程技术研究中心）。电子信箱：1003002915@qq.com

孙烨垚，男，硕士，深圳市城市交通规划设计研究中心有限

公司（广东省交通信息工程技术研究中心），主任工程师，工程师。电子信箱：252918296@qq.com

黄朝阳，男，大专，深圳市城市交通规划设计研究中心有限公司（广东省交通信息工程技术研究中心），助理工程师。电子信箱：913102001@qq.com

基于驾驶人感受的快速路拥堵
强度模型研究

朱春杨　张生瑞　常正帆

【摘要】道路交通状态识别具有明显的统计特性，难以建立统一的数学模型。本文对驾驶人进行驾驶风格调查，利用主成分分析法对驾驶风格进行量化，通过 K-means 聚类分析法对采集对象驾驶员进行驾驶风格的分类。再将驾驶风格与行程速度作为影响基于驾驶人感受的拥堵强度的影响因素，以调查的数据作为数据来源，建立了基于多项 Logit 的快速路拥堵强度模型，拟合优度检验显示模型拟合效果较好，且通过测试数据进行测试，预测准确率达到 93.89%，总体模型的信度较高。

【关键词】快速路；驾驶人感受；驾驶风格；拥堵强度；Logit

【作者简介】

朱春杨，男，硕士，南京市城市与交通规划设计研究院股份有限公司，助理工程师。电子信箱：872995694@qq.com

常正帆，女，硕士，南京市城市与交通规划设计研究院股份有限公司，助理工程师。电子信箱：490761368@qq.com

浅谈历史文化商业街区交通
提升与改善

——以沈阳盛京皇城历史文化商业街区为例

巴天星　范东旭　赵　英

【摘要】近年来，在城市快速发展的大背景下，机动车猛速增长、城市商业化现象严重，城市环境、交通问题愈发突出，而作为城市文脉和集体记忆的历史文化街区，在这种机动化的冲击下，也付出了更为高昂的代价。如何在机动化快速发展过程中，从交通的角度强化历史文化街区的特色及文化韵味，减小机动车对文化遗产区域的冲击，这些都是当前值得我们思考与解决的问题。盛京皇城位于辽宁省沈阳市，是省级历史文化街区，是了解沈阳城市发展的珍贵的物质文化载体。为全面支撑盛京皇城的发展，紧扣区域特点，本次研究从规划需要首要解决的交通方面出发，强化街区风貌特征，提升环境品质。规划通过优化公共交通系统、构建慢行交通体系、加强静态交通管理、完善车行交通组织等四大改善措施，有效提升与改善皇城历史文化街区交通条件，营造皇城宜人的交通环境。

【关键词】盛京皇城；历史文化街区；慢行；静态交通

【作者简介】

巴天星，女，硕士，沈阳市规划设计研究院，工程师。电子

信箱：65948104@qq.com

范东旭，男，硕士，沈阳市规划设计研究院，项目负责人，工程师。电子信箱：375795993@qq.com

赵英，女，学士，沈阳市规划设计研究院，所长，教授级高工。电子信箱：41859930@qq.com

儿童友好型学校周边交通改善策略研究

肖文明　张剑锋　叶　青　曹洪洛　程　铮

【摘要】儿童是交通参与者中的弱势群体，相比于成人更容易受到交通安全事故的威胁；学校作为儿童学习生活的重要场所，是城市发展不可或缺的公共配套设施，对交通的安全性、可达性、有趣性等具有较高要求。随着社会经济发展，国内外城市对创建"儿童友好型学校"予以极大关注。通过对儿童行为需求的分析，借鉴国内外规划设计实例，从路权分配、设施功能、交通组织、公共空间等4个方面明确儿童友好型学校周边交通改善策略，最后以龙岗区实验学校为例，提出改善措施与实施的相关建议。

【关键词】交通改善；儿童友好型学校；路权分配；公共空间

【作者简介】

肖文明，男，硕士，深圳市都市交通规划设计研究院有限公司，工程师。电子信箱：747495460@qq.com

张剑锋，男，学士，深圳市都市交通规划设计研究院有限公司，工程师。电子信箱：611411262@qq.com

叶青，男，学士，深圳市都市交通规划设计研究院有限公司，助理工程师。电子信箱：30992054@qq.com

曹洪洛，男，学士，深圳市都市交通规划设计研究院有限公司，助理工程师。电子信箱：376901059@qq.com

程铮，男，学士，深圳市都市交通规划设计研究院有限公司，助理工程师。电子信箱：529038438@qq.com

三种状态下右转半径与右转速度
关系的研究

邵海鹏　陈兴影　王宇轩　张雪琰

【摘要】在交叉口右转交通的设计中，较大的右转路缘石半径可使右转车辆高速通过交叉口，但会增加过街行人的危险，而过小的右转路缘石半径又会降低右转车辆通行效率，进而影响整个交叉口的运行效率。本文研究了信号交叉口右转半径对右转交通设计的影响，采集了西安市四个交叉口的大量视频数据，利用SIMI Motion 视频分析软件提取了右转车辆的运动状态数据，通过对提取数据的分析，定量研究右转车辆在不同状态下的运动规律，并对三种状态下右转半径与右转速度之间的关系进行研究，给出不同条件下右转半径与右转速度的对应关系，对城市交叉口右转交通的设计工作有一定的指导意义。

【关键词】右转交通；右转半径；右转速度

【作者简介】

邵海鹏，男，博士，长安大学公路学院，交通工程系副主任，副教授。电子信箱：shaohp@chd.edu.cn

陈兴影，女，硕士，长安大学公路学院。电子信箱：190393924@qq.com

王宇轩，男，硕士，长安大学公路学院。电子信箱：869748533@qq.com

张雪琰，男，硕士，惠州市道路桥梁勘察设计院，助理工程

师。电子信箱：xueyansoccer@163.com

基金项目：中央高校基本科研业务费资助项目（自然科学类）"数据驱动的交叉口群交通设计和协同控制"（300102218409），中国城市规划设计研究院科技创新基金项目"基于数据挖掘的交通拥堵机理解析"（C-201728）

江阴北门岛及周边地区交通组织规划研究

张 宁 王进坤 吴晓梅

【摘要】江阴市开展滨江花园城市行动，功能产业升级转型，北门岛及周边地区在新的时代背景下，在功能业态方面进行了重新规划，对交通组织提出了新的要求。本次研究通过把握北门岛现状的交通特征和问题，解读相关上位规划，借鉴同类型国内外城市中心岛案例，提出了"慢行岛"的交通组织模式，明确了北门岛在道路交通、公共交通、慢行交通、停车设施和运行管理等方面的组织规划，并进行了规划方案评价，对北门岛及周边地区的交通设施建设和交通组织管理有较好的指导意义。

【关键词】慢行岛；交通组织；停车设施；方案评价

【作者简介】

张宁，男，硕士，江苏省城市规划设计研究院，助理工程师。电子信箱：zhn210091@126.com

王进坤，男，硕士，江苏省城市规划设计研究院，高级工程师，主任工程师

吴晓梅，女，硕士，江苏省城市规划设计研究院，工程师

大数据与城市综合交通评价指标研究

王　振　马　清　张志敏　张铁岩　禚保玲

【摘要】在传统数据与大数据转型期，居民出行 OD 数据的获取途径更加多元。利用青岛市居民出行调查数据、城市交通运行数据以及位置定位数据等多源数据，通过高德地图 API 导航获取不同方式 OD 的出行时间和距离，并结合《城市综合交通体系规划规范》（征求意见稿）中交通评价指标的新要求进行了测算，并结合城市特点、空间结构、交通发展模式进行以下分析：①公共交通工具相对于小汽车出行的比较优势尚未形成，通过居民出行调查和 API 路径导航得到中心城区（全日）公共交通全程时间是个体机动车出行时间的 2.5 倍，未达到规范要求的 1.5 倍；②交通出行应满足人民群众多样化的出行需求，出行距离最大 15%的平均值是城市居民平均出行距离的 3.3 倍，未达到规范要求的 2.5 倍；③环湾组团型城市空间格局导致出行距离延长，早高峰小汽车出行距离85分位对应的出行时耗为41分钟，高于规范要求的40分钟。

【关键词】综合交通；多源大数据；OD 出行；评价指标

【作者简介】

王振，男，硕士，青岛市城市规划设计研究院，工程师。电子信箱：2227840807@qq.com

马清，男，硕士，青岛市城市规划设计研究院，副院长，应

用技术研究员

张志敏，女，硕士，青岛市城市规划设计研究院，大数据与城市空间研究中心副主任，高级工程师

张铁岩，男，硕士，青岛市城市规划设计研究院，工程师

禚保玲，女，硕士，青岛市城市规划设计研究院，工程师

基于高德地图数据的上海市快速路路网拥堵成因分析

郑凌瀚

【摘要】上海市快速路系统是上海市交通运输系统的重要构成，实时监测其拥堵状态并分析成因，制定相应的预案是十分有必要的。目前高德地图对外开放了市域交通路况数据，本文以2018年6～7月高德地图路况数据为背景，分析了高德路况数据中涵盖的上海市快速路交通拥堵情况的信息。基于路况数据制定了路网拥堵评估方法并通过历史路况数据的时间、空间特征建模分析了快速路交通拥堵的特点与成因，最后针对快速路拥堵成因提出了相应的检测与管理建议。

【关键词】快速路；高德路况；拥堵成因分析；管理建议

【作者简介】

郑凌瀚，男，硕士，上海市城乡建设和交通发展研究院，上海市城市综合交通规划研究所，助理工程师。电子信箱：zlh1992@126.com

上海道路交通拥堵的达峰和治理转型

邵 丹 苏 瑛 王 磊 郑陵瀚 薛美根

【摘要】2016 年以来，上海持续开展交通严格执法和综合交通管理补短板，中心城道路交通秩序明显改善，道路拥堵恶化的趋势也得到遏制。2017 年下半年以来，行程车速有所下降，交通延误持续增多，且中心区白天 12 小时交通流量出现下降。上海是否正逐步进入到类似伦敦的交通量达峰转型发展阶段，值得探讨和研究。研究在对上海道路交通拥堵指数历史数据分析的基础上，从流量、速度、秩序等方面分析了交通拥堵加剧的机理和特征变化。研究认为要从综合交通体系的角度来理解道路交通拥堵的内涵，应更加关注整体交通出行延误的变化和道路交通出行可靠性的提升，通过经济和法治手段引导出行行为选择，并通过更精细化技术手段来平衡效率和安全。

【关键词】交通拥堵；交通治理；交通流；交通拥堵指数；上海交通；交通政策

【作者简介】

邵丹，男，硕士研究生，上海市城乡建设和交通发展研究院，交通所副总工程师，政策研究室负责人，高级工程师。电子信箱：sd_nt@163.com

苏瑛，女，上海市城乡建设和交通发展研究院，高级工程师。电子信箱：1398741608@qq.com

王磊，男，硕士研究生，上海市城乡建设和交通发展研究院，高级工程师。电子信箱：79761249@qq.com

郑陵瀚，男，硕士研究生，上海市城乡建设和交通发展研究院。电子信箱：zlh1992@126.com

薛美根，男，硕士研究生，上海市城乡建设和交通发展研究院，副院长，教授级高级工程师。电子信箱：xuemeigen2013@126.com

上海市中心城快速路交通事件
特征及对策研究

逄　莹　朱　浩　王　磊

【摘要】城市快速路上发生交通事件对交通将产生很大影响。本文以近三年上海中心城快速路交通事件数据为背景，分析了快速路交通事件的时间特征、空间分布特征、道路特征、天气特征和交通环境特征，并重点剖析了快速路交通事件频发路段的特点和成因。最后，针对快速路交通事件特征和影响因素，提出了快速路交通安全改善的对策和建议。

【关键词】快速路；交通事件；时空分布特征；对策建议

【作者简介】

逄莹，女，硕士，上海市城乡建设和交通发展研究院，上海市城市综合交通规划研究所，高级工程师，国家注册城市规划师。电子信箱：selinajustpyy@126.com

朱浩，男，硕士，上海市城乡建设和交通发展研究院，上海市城市综合交通规划研究所，高级工程师，副总工程师

王磊，男，硕士，上海市城乡建设和交通发展研究院，上海市城市综合交通规划研究所，高级工程师

中国国际进口博览会交通承载力分析及保障方案设想

谢恩怡　朱　洪

【摘要】首届中国国际进口博览会将于 2018 年 11 月 5～10 日在国家会展中心（上海）举办。作为 2018 年我国外交活动的收官之作，客流强度大，保障要求高，为交通保障工作提出新要求、新挑战。为了保障进口博览会期间地区交通的平稳运行、缓解地区交通堵塞、避免对全市面上交通产生过大影响，从设施承载力的角度出发，通过经验判断、数据统计、模型模拟推算等方式对客流承载能力进行分析，形成综合交通承载力判断，从设施供给角度提出客流控制建议。并且提出客运、道路、信息、综合管理四大保障方案设想，保障进口博览会交通安全有序，不对面上交通产生过大影响。

【关键词】进口博览会；交通保障；承载力

【作者简介】

谢恩怡，女，硕士，上海市城乡建设和交通发展研究院上海市城市综合交通规划研究所，工程师。电子信箱：jj89xie@163.com

朱洪，男，上海市城乡建设和交通发展研究院，上海城市综合交通规划研究所副所长，高级工程师。电子信箱：simonwx@126.com

历史城区交通限制分区与路权管理研究

——以意大利佛罗伦萨古城为例

赵洪彬　杨少辉

【摘要】历史城区的交通往往面临着道路拥堵、秩序混乱的问题，随着国家对历史文化保护的重视，越来越应该通过需求管理和路权划分来解决历史城区交通问题。通过文献研究法对佛罗伦萨古城的交通现状进行深入研究，结果表明划定机动交通限制区、单向交通组织、街道步行化改造、打造旅游小巴系统是佛罗伦萨古城交通的关键策略，其中交通限制分区和道路通行权的管理更是上述策略的核心基础。据此，研究归纳出适合我国古城交通管理的一些具体的原则、方法、做法，通过构建多空间层次的交通管理体系和多交通方式时空分离的道路网络，来应对历史城区本地与旅游的多种交通需求，从而使得古城保护与古城交通相协调，具有一定的借鉴意义。

【关键词】历史城区；交通管理；文献研究；交通限制区；路权管理

【作者简介】

赵洪彬，男，硕士研究生，中国城市规划设计研究院，工程师。电子信箱：ttbeanbean@126.com

杨少辉，男，博士研究生，中国城市规划设计研究院，高级工程师

基于 SCATS 系统变量控制的自适应信号控制技术研究

郑淑鉴　　胡少鹏　　熊文华

【摘要】随着城市机动车保有量的增加，交叉口的交通负荷不断增大，传统的自适应控制技术已经无法满足实际的交通管控需求。为提高信号控制的自适应控制水平，基于 SCATS 系统变量控制研究自适应信号控制技术，从检测、实施和逻辑三个方面重点分析变量控制过程的语句功能，基于这些语句组合提出不同的自适应控制技术类别，并阐述常用的控制技术，最后通过进口道溢出疏解自适应控制和绿信比小步增减自适应技术为例说明SCATS 系统变量控制技术的应用方法，并以相应的案例验证说明方法的科学有效性。研究成果将为国内其他城市扩展 SCATS系统功能应用提供有效的技术支持。

【关键词】智能交通；SCATS 系统；变量控制；自适应控制

【作者简介】

郑淑鉴，男，研究生，广州市交通规划研究院，工程师。电子信箱：zheng.shj@qq.com

胡少鹏，男，本科，广州市交通规划研究院，总工程师，高级工程师。电子信箱：1450750310@qq.com

熊文华，男，研究生，广州市交通规划研究院，副总工程师，高级工程师。电子信箱：285808139@qq.com

中等城市电动自行车发展特征研究

——以南昌为例

段坚坚　刘志杰　席阳峰

【摘要】在我国电动车数量增长导致交通秩序混乱的问题日益突出背景下，针对南昌市电动自行车的现状问题，结合南昌市居民出行调查数据，对居民使用电动自行车的出行次数、出行目的、出行时耗、出行距离等进行定量分析，并与其他城市电动自行车的出行特征进行了对比分析，指出南昌电动自行车出行以生活性以及短距离通勤出行为主，出行频率偏高同时出行时耗偏低。通过分析电动自行车出行特征，指出电动自行车在中等城市的交通系统中的功能定位，道路路权资源的优化配置对于改善电动自行车行驶秩序、提高城市内部道路服务水平有重要意义。

【关键词】交通行为；电动自行车；出行特征；出行调查；南昌市

【作者简介】

段坚坚，男，学士，深圳市城市交通规划设计研究中心有限公司（广东省交通信息工程技术研究中心），助理工程师。电子信箱：845147564@qq.com

刘志杰，男，硕士，深圳市城市交通规划设计研究中心有限公司（广东省交通信息工程技术研究中心），工程师。电子信箱：2059470971@qq.com

席阳峰，男，硕士，深圳市城市交通规划设计研究中心有限公司（广东省交通信息工程技术研究中心），助理工程师。电子信箱：xiyangfeng@foxmail.com

菏泽市电动轿车上路问题的对策研究

朱先艳 曹更立

【摘要】近年来，电动轿车具有价格便宜、使用方便等诸多优点，深受中小城市居民青睐。但电动轿车上路后产生的事故处理难、交通管理难、加剧交通拥堵等问题，影响了城市正常的交通秩序。本文以山东省菏泽市为例，首先通过分析国内外城市电动轿车上路管理案例从中得到若干启示，其次详细分析了电动轿车上路产生的系列问题。最后，在借鉴国内外城市电动轿车管理经验做法的基础上，提出了"事"前管理与"事"后治理的两大改善策略。

【关键词】电动轿车；交通管理；交通拥堵；菏泽市

【作者简介】

朱先艳，女，硕士，菏泽市市政工程设计院，工程师。电子信箱：365245926@QQ.com

曹更立，男，硕士，菏泽市城市规划设计研究院，注册城乡规划师，工程师。电子信箱：caogengli@126.com

新一轮创新驱动下我国城市交通管理勤务机制改革研究与展望

朱建安　赵琳娜　戴　帅

【摘要】作为公安交管部门，以维护通行秩序为手段保障城市交通畅通有序是重要的工作职责。在新一轮科技创新驱动下，大数据、云计算、高清视频采集等技术日趋成熟，为公安交管部门改进工作方法、提高管理效能带来了机遇。在现有警力资源相对紧张的条件下，充分利用当前信息技术发展成果，以创新驱动为先导推动公安交管勤务机制改革，提高对城市路面管控效率和执法能力，是当前城市交通发展阶段进一步深化城市交通管理的重要发展方向。在总结当前存在问题和归纳各地工作经验基础上，围绕情报前端采集、指挥研判调度、现场勤务响应、督察考核保障四个维度，以勤务效能最大化、指挥调度精准化、警力资源集约化、路面管控实战化为目标，构建形成"情、指、勤、督"四位一体的城市交通管理勤务新体系，最终实现城市交通治理能力水平的现代化。

【关键词】创新；城市交通；勤务；情、指、勤、督；改革

【作者简介】

朱建安，硕士，公安部道路交通安全研究中心，政策规划研究室主任助理，助理研究员。电子信箱：zja12gab@gmail.com

城市交通拥堵机理解析

伍速锋　吴克寒　康　浩　曹雄赳　王　芮　冉江宇

【摘要】以往揭示拥堵机理的研究更多从工程的角度出发，因而并不能揭示交通拥堵的最根本原因。本文利用物理学上的"规模法则"等概念来研究城市和交通发展的规律，并揭示出交通拥堵存在两个机理：城市规模越大越容易拥堵；交通拥堵的本质在于维度差。结果表明，该方法对于剖析交通供需失衡有很强的解释力，也为城市交通规划和交通治理提供了理论支撑。

【关键词】城市交通；交通拥堵；规模法则；标度率

【作者简介】

伍速锋，男，博士，中国城市规划设计研究院，智能交通与交通模型研究所所长，高级工程师。电子信箱：wusufeng@126.com

吴克寒，男，博士，中国城市规划设计研究院，工程师。电子信箱：khanwoocn@outlook.com

康浩，男，硕士，中国城市规划设计研究院，工程师。电子信箱：caupd_kanghao@163.com

曹雄赳，男，硕士，中国城市规划设计研究院，工程师。电子信箱：caoxiongjiu@126.com

王芮，男，硕士，中国城市规划设计研究院，助理工程师。电子信箱：wangrui418@163.com

冉江宇，男，博士，中国城市规划设计研究院，高级工程师。电子信箱：94332511@qq.com

基金项目：中国城市规划设计研究院科技创新基金项目"基于数据挖掘的交通拥堵机理解析"（C-201728）

老旧小区综合改造中交通治理实践

——以镇江市桃花坞花山湾片区为例

李星星　纪书锦　戴维思　张嬛宇　梁娇娇

【摘要】城市交通的系统性和问题的多样性要求必须采取多方式的综合措施进行治理。本文通过对老旧小区在物业管理、基础设施、停车等共性问题分析，提出了交通与片区综合改造的相互协同、交通基础设施提升、停车供给与管理的改善以及交通秩序优化等方面的综合治理措施，总结了镇江市开展老旧小区交通综合治理的实践经验，以期为业内人士提供一定的参考。

【关键词】交通综合治理；老旧小区改造；交通廊道；停车改善

【作者简介】

李星星，男，硕士，镇江市规划设计研究院，工程师。电子信箱：277861596@qq.com

纪书锦，男，学士，高级工程师

戴维思，女，硕士，高级工程师

张嬛宇，女，硕士，工程师

梁娇娇，女，硕士，工程师

05 公共交通

城市公共交通无障碍环境现状及改善策略

冯建栋　王　昊

【摘要】随着社会老龄化，以残障人士为典型的无障碍出行越来越受到人们关注。创建无障碍社会环境，既是社会文明、进步的重要标志，也是城市功能和城市品质提升的必然要求，同时也是我国进入老龄社会化发展的现实需要。而我国的无障碍环境建设虽提出多年，但发展缓慢。本文以郑州市残疾人公共交通出行调查为例，研究了我国城市公共交通无障碍设施和使用现状，从残障人士使用者的角度剖析现状的不足和缺失。针对残疾人出行的生理和心理特点，结合当前城市出行环境、公共交通设施中普遍存在的问题，充分考虑残障人士的出行需求和感受，从政策和制度、标准和规范、建设和管理、宣传和培训，从硬件设施到人文环境等多方面提出提高社会无障碍环境特别是城市公共交通无障碍建设和改善的策略，对推动城市的文明进步，创造平等、和谐、宜居和人性化的社会生活环境都有着积极的作用。

【关键词】无障碍；公共交通；残障人士；城市规划

【作者简介】

冯建栋，男，硕士，南京市城市与交通规划设计研究院股份有限公司。电子信箱：fengdaode@foxmail.com

王昊，女，硕士，江苏省城市规划设计研究院

北京市地面公交无障碍系统化
设置技术要点

胡 松 赵 林

【摘要】地面公交无障碍建设是针对可持续机动性及适应公交发展趋势而提出的，旨在通过公共交通无障碍建设对公共交通系统的功能进行优化，创造一个可供所有人平等使用公共交通的社会环境。按照"建设国际一流的和谐宜居之都"和 2022 年北京冬奥会及冬残奥会的整体要求，北京市正在积极开展公共交通无障碍出行环境的相关研究工作。本文重点对公交车辆、公交站点及其周边环境的无障碍设施进行问题分析，并提出相应的建设要点建议，以期为创建公交无障碍出行环境提供基础支撑。

【关键词】地面公共交通；无障碍设施；系统化设置

【作者简介】

胡松，男，硕士，北京市市政工程工程设计研究总院有限公司，工程师。电子信箱：husong0623@bmedi.cn

赵林，男，硕士，北京市市政工程工程设计研究总院有限公司，高级工程师。电子信箱：zhaolin@bmedi.cn

基于客流特征的城市轨道交通
站点类型分类

——以南京地铁为例

唐　超

【摘要】城市轨道交通车站是供乘客乘降、换乘及候车的场所，车站的规划设计及运营组织方案与站点客流紧密相关，为更好地研究车站客流特性，首先需将众多车站进行分类。本文从分析典型车站客流时间分布特征入手，挖掘表征客流时间分布特点的指标。本文以南京地铁为例，通过 K-Means 聚类分析方法，对 113 个车站进行聚类分析。为城市轨道交通站点的规划及设计阶段、车站差异化运营提供参考依据。

【关键词】城市轨道交通；站点分类；客流特征；南京地铁

【作者简介】

唐超，男，硕士，江苏都市交通规划设计研究院有限公司，项目经理，工程师。电子信箱：774586399@qq.com

基于灵活运营模式的有轨电车
需求预测特点分析

程　婕　潘昭宇　吴　迪

【摘要】我国现代有轨电车的建设经历了井喷式到渐趋理性的发展过程，然而其前期工作往往套用地铁轻轨的规范，尚未形成成熟的技术体系，存在不匹配的现象。需求预测分析是工程前期工作最重要的环节之一，本文通过比较现代有轨电车与其他轨道交通制式的区别进而分析其对需求预测工作的影响，总结有轨电车需求预测的特点主要在于特殊运营组织模式以及与既有规划协调等方面的需要。最后，结合杭州未来科技城现代有轨电车的实践经验进行实证分析，为现代有轨电车的需求预测工作提供参考。

【关键词】现代有轨电车；规划设计；需求预测；运营模式

【作者简介】

程婕，女，博士，中铁工程设计咨询集团有限公司，工程师。电子信箱：cj1015@126.com

潘昭宇，男，硕士，国家发改委城市和小城镇改革发展中心综合交通所，所长，高级工程师。电子信箱：jty_panzy@126.com

吴迪，男，苏交科集团股份有限公司，硕士，工程师。电子信箱：wd074@jsti.com

有轨电车网络化运营资源共享

陈雪枫

【摘要】随着有轨电车在我国多个城市由单线运营向网络化运营发展，在线网规划阶段就要有资源共享、集约用地的理念。有轨电车网络化运营阶段需要考虑车辆、设备、车辆基地、线路等多方面的资源共享。分析了国内外有轨电车网络化运营后实现资源共享的实际案例，结合先进的经验，对目前有轨电车在规划阶段的资源配置提出了建议。

【关键词】有轨电车；资源共享；车辆基地

【作者简介】

陈雪枫，硕士研究生，深圳市规划国土发展研究中心，助理工程师。电子信箱：cd_chenxuefeng@126.com

基于大数据分析的微循环公交线网规划及改善研究

李　飞　李云辉　操宗武　杨伟鑫

【摘要】随着社会经济发展水平不断提高，市民公交出行需求日趋多元，要求提供更高品质的公共交通服务。现状公交服务覆盖水平有待进一步提升，市民出行"最后一公里"问题亟待解决，微循环公交成为服务市民"最后一公里"出行的重要交通方式之一。通过对微循环公交线网规划经验进行总结，结合微循环公交定位及服务特点，借助大数据手段分析公交覆盖薄弱区、热点区域及判定短距离出行需求方向，用数据支撑规划方案，保障规划方案更加符合居民出行需求。

【关键词】大数据；薄弱区分析；热点区域分析；微循环公交规划

【作者简介】

李飞，女，硕士，深圳市都市交通规划设计研究有限公司，中级工程师。电子信箱：1193677372@qq.com

李云辉，男，硕士，深圳市都市交通规划设计研究有限公司，所长，高级工程师。电子信箱：82420875@qq.com

操宗武，男，本科，深圳市都市交通规划设计研究有限公司，助理工程师。电子信箱：835386799@qq.com

杨伟鑫，男，本科，深圳市都市交通规划设计研究有限公司，助理工程师。电子信箱：858586992@qq.com

环长株潭城市群城际铁路速度
目标值研究

谢覃禹　郭劲松

【摘要】速度目标值是铁路最基础的设计标准，决定了技术设备的选择、线路的投资水平及运营效益的优劣。本文通过分析城际铁路加减速性能，对不同速度目标值条件下城际铁路的合理站间距进行了分析。基于站间距和速度目标值分析结果，对城际铁路的1小时交通经济圈范围进行了研究。通过对环长株潭城市群内城镇及城际铁路的现状与规划的梳理，给出了环长株潭城市群内远景年规划城际铁路的速度目标值。

【关键词】轨道交通；速度目标值；轨道站间距

【作者简介】

谢覃禹，男，硕士，长沙市规划勘测设计研究院，中级工程师。电子信箱：xqu_305444830@qq.com

郭劲松，男，硕士，长沙市规划勘测设计研究院，高级工程师。电子信箱：122435592@qq.com

城市轨道交通短途接驳公交
线路规划研究

谢覃禹　郭劲松

【摘要】轨道交通造价高，线路通道要求高，建设周期长，往往难以实现对中心城区的完全覆盖。轨道交通接驳公交线路作为一种特殊的常规地面公交线路，主要服务于居住、就业集聚地与轨道站之间的交通需求，具有线路短、路径灵活等特点，提高了"轨道—公交"出行的吸引力和竞争力。本文首先分析了轨道交通、常规公交的功能定位，论述了轨道交通接驳公交线路的特点和适用范围。从供给和需求的角度，提出了轨道交通接驳线路的规划原则和规划方法，并以长沙市为例进行了研究。

【关键词】轨道交通；常规公交；接驳公交；线路规划

【作者简介】

谢覃禹，男，硕士，长沙市规划勘测设计研究院，工程师。电子信箱：xqu_305444830@qq.com

郭劲松，男，硕士，长沙市规划勘测设计研究院，高级工程师。电子信箱：122435592@qq.com

新能源公交车辆技术与线路适应性分析

——以中山为例

郑志鹏　刘　琦

【摘要】根据国家目前关于新能源汽车的最新定义，分析在公交领域不同新能源车辆技术类型在企业运营经济性、线路需求适应性、设施兼容性、用地需求等方面的优缺点，并以中山市为例，结合其新能源公交车辆推广要求以及现状新能源公交车辆发展情况，提出适合中山市未来发展的新能源公交车辆技术类型。

【关键词】新能源汽车；新能源公交；车辆技术类型；中山市

【作者简介】

郑志鹏，男，硕士，深圳市都市交通规划设计研究院有限公司，工程师。电子信箱：304758545@qq.com

刘琦，女，硕士，深圳市都市交通规划设计研究院有限公司，工程师。电子信箱：56873862@qq.com

国外公交规划与管理对我国公交发展的启示

刘 芳 任 锐

【摘要】随着我国经济的快速发展以及城市化进程的不断加快，带来了交通安全、交通污染、交通拥堵等一系列城市交通问题，优先发展公共交通是解决城市交通问题的必然选择。本文通过深入解析国外先进城市新加坡、伦敦在公交规划管理方面的先进理念和特色，总结探求国外先进公交发展理念对中国大城市公交规划在转变观念、运营模式、优化网络、创新服务等方面的有益启示。

【关键词】新加坡；伦敦；公交规划与管理；运营管理；创新服务

【作者简介】

刘芳，女，硕士，深圳市都市交通规划设计研究院有限公司，高级工程师。电子信箱：41209864@qq.com

任锐，男，硕士，四川省城乡规划设计研究院，高级工程师。电子信箱：41429714@qq.com

高速铁路列车停站方案与运行图
协同优化研究

赖艺欢　夏　阳

【摘要】考虑到列车停站方案和运行图铺画方式影响高速铁路实际通过能力的事实，本文引入车站占用时间和列车占用时间概念，分析线路全天通过能力及高峰时段通过能力相互博弈的关系，并依据压缩列车占用时间提高线路通过能力的研究思路，建立基于高速铁路实际通过能力的停站方案和运行图协同优化多目标混合整数非线性规划模型。以 ε 约束法作为求解手段，借助 Cplex 优化软件，结合案例确定列车集最小列车占用时间，生成相应列车停站方案及运行图，验证模型的可行性。在牺牲一定全天通过能力的基础上，压缩该列车集在始发站的车站占用时间，提高高峰时段线路通过能力。

【关键词】高速铁路；停站方案；运行图；通过能力

【作者简介】

赖艺欢，女，硕士，深圳市城市交通规划设计研究中心有限公司（深圳市交通信息与交通工程重点实验室），工程师。电子信箱：307518159@qq.com

夏阳，男，博士，北京交通大学交通运输学院。电子信箱：16114189@bjtu.edu.cn

公交大数据在公交专用道规划中的应用实践

刘祥峰　赵　磊

【摘要】"符合设置标准式"的传统公交专用道网络布局规划存在"数据支撑不足、建设必要性难以说清及走廊优先重视不够"等问题，难以适应新时期精细化规划要求。本文以佛山市南海区为例，通过公交 GPS 及 IC 卡数据的关联融合，分析公交客流的空间分布特征，提出南海区公交专用道进入网络化发展时代，并构建了以中心城区为核心向外拓展的网络布局方案；分析了南海大道公交站点及交叉口延误等数据特征，得出公交延误的70%来源于交叉口及站点，并给出了路段、交叉口及站点一体化的走廊优先详细规划方案。

【关键词】公交专用道；公交大数据；网络布局；走廊优先

【作者简介】

刘祥峰，男，硕士，深圳市城市交通规划设计研究中心有限公司（广东省交通信息工程技术研究中心），工程师。电子信箱：774092920@qq.com

赵磊，男，硕士，深圳市城市交通规划设计研究中心有限公司（广东省交通信息工程技术研究中心），高级工程师。电子信箱：61912769@qq.com

基于 IC 卡及车辆 GPS 数据的
公交换乘信息提取

唐 炜

【摘要】为解决传统的公交换乘行为分析需要依靠跟车调查，且小数据量难以了解线路换乘详细特征的问题，提出了通过挖掘公交 IC 卡数据和车辆 GPS 数据来批量提取乘客换乘信息的方法，建立了换乘行为上下车站点辨识模型，并以成都市数据进行了实证分析。结果表明：基于公交 IC 卡数据和车辆 GPS 数据可以提取出换乘客流来源、换乘客流时空分布、同站与异站换乘、到达换乘站点时间及上车时间等换乘信息。

【关键词】城市交通；公交换乘；数据挖掘；时空分布

【作者简介】

唐炜，男，硕士，深圳市城市交通规划设计研究中心有限公司（广东省交通信息工程技术研究中心），工程师。电子邮箱：tangw@sutpc.com

基于 IC 卡数据的地铁—公交接驳分析

——以长沙市为例

卢顺达　　徐正全　　吴晓飞

【摘要】公交与地铁的有效接驳，是城市交通整体化的一个重要环节。只有两者衔接紧密、换乘便捷，达到时间与空间上的整体化，才能借助公交的辐射功能提高地铁的辐射吸引范围，提高公共交通的整体竞争力。本文定量分析了长沙市地铁—公交接驳站点、接驳线路和接驳客运量的现状，重点基于 IC 卡数据计算了各地铁站公交接驳客运量及不同公交线路接驳客运量。最后，针对长沙地铁—公交接驳系统存在的问题，提出改进建议。

【关键词】地铁—公交接驳；IC 卡数据；定量分析；接驳客运量

【作者简介】

卢顺达，男，硕士，深圳市城市交通规划设计研究中心有限公司（深圳市交通信息与交通工程重点实验室），工程师。电子信箱：421153389@qq.com

徐正全，男，博士，深圳市城市交通规划设计研究中心有限公司（深圳市交通信息与交通工程重点实验室），工程师。电子信箱：1320668307@qq.com

吴晓飞，女，硕士，深圳市城市交通规划设计研究中心有限公司（深圳市交通信息与交通工程重点实验室），工程师。电子信箱：751506883@qq.com

基于换乘关系重要度的网络运营计划协调优化

郭　莹　罗　钦　毛应萍　孙烨垚

【摘要】为了提高城市轨道交通网络运营效率，提升客运服务水平，促成网络运营计划的良好协调，以轨道交通乘客出行需求为导向，兼顾换乘站对网络效率的影响，提出换乘关系重要度衡量指标，并以此为依据建立了平峰时段网络运营计划分步协调优化模型及算法，以减少乘客换乘候车时间。最后，从某市线网中提取局部的三线换乘网络结构为例进行协调优化，验证模型与算法的有效性。结果表明，经分步协调后全网平均换乘候车时间缩减了 12.42%，为乘客单次换乘候车节省 0.39 分钟。该模型算法能够有效地缩减乘客的换乘候车时间，优化网络运营计划衔接状态，提升线网换乘效率。

【关键词】城市轨道交通；网络运营计划；换乘关系重要度；分步协调

【作者简介】

郭莹，女，硕士，深圳市城市交通规划设计研究中心有限公司（广东省交通信息工程技术研究中心），助理工程师。电子信箱：gracy_job@163.com

罗钦，男，深圳技术大学 城市交通与物流学院。电子信箱：luoqin82@126.com

毛应萍，女，硕士，深圳市城市交通规划设计研究中心有限

公司（广东省交通信息工程技术研究中心），智能公司总经理，高级工程师。电子信箱：myp@sutpc.com

孙烨垚，环男，硕士，深圳市城市交通规划设计研究中心有限公司（广东省交通信息工程技术研究中心），主任工程师，工程师。电子信箱：252918296@qq.com

基于时变特征分类的城市轨道交通车站客流规模预测

——以深圳地铁为例

王卓群　罗　钦

【摘要】随着我国经济的快速发展，城市规模不断扩张，交通需求持续增长，带动城市轨道交通建设的跨越式发展，其在城市客运交通体系中的作用日益显著。客流是轨道交通规划、设计、建设和运营等各个环节的基本依据，本文利用深圳市二期线网工程车站全日分进、出站分时客流数据，采用聚类算法得到深圳市车站主要时变特征类型，然后提取主要影响因素，构建分类别、分进、出站的多元回归客流预测模型。研究成果将为合理确定站点规模及周边用地开发、安排运营组织方案等提供理论指导和有益参考。

【关键词】城市轨道交通；时变特征；聚类分析；客流规模预测

【作者简介】

王卓群，女，硕士，深圳市城市交通规划设计研究中心有限公司，工程师。电子信箱：zhuoqun122@163.com

罗钦，男，博士，深圳技术大学城市交通与物流学院，副教授。电子信箱：luoqin82@126.com

现代有轨电车功能定位关键
技术指标定量分析

李 阳 朱 炜

【摘要】目前我国已有 40 多座城市编制规划或实质性启动了现代有轨电车建设工作，但从天津、上海、沈阳、南京等城市已建成现代有轨电车线路来看，使用和运营效果并不理想。究其原因，一是对有轨电车功能定位不清和衔接关系处理不畅，导致有轨电车系统相对独立，功能发挥有限；二是有轨电车与其他交通方式尤其是常规公交相比，技术优势不甚明显，竞争力、吸引力有限。本文作者认为有轨电车对完善公共交通系统结构的重大意义毋庸置疑，其成功的关键必须是对现代有轨电车进行系统地考虑，在公共交通交通系统中进行功能定位，同时具备相比轨道和常规公交具有优势性的技术性能。因此，本文将结合作者工作实践，对现代有轨电车的功能定位及关键技术指标进行研究。

【关键词】现代有轨电车；功能定位；旅行速度；站间距

【作者简介】

李阳，女，硕士，深圳市城市交通规划设计研究中心有限公司（广东省交通信息工程技术研究中心），主任工程师，工程师。电子信箱：251918058@qq.com

朱炜，男，同济大学交通运输工程学院。电子信箱：zhuweimail@163.com

中小城市公交转型发展阶段的票价体系改革策略研究

——以佛山市南海区为例

刘　敏　赵　磊　刘祥锋　吴超华　覃　乔

【摘要】响应国家公交行业清洁能源车辆更换的改革政策，推进节能减排工作，推行公交行业管理改革，进一步提升公交服务水平是南海区当前的重点工作。本文基于南海区公交发展"由量向质"转变的提升阶段所面临的困境，遵循公交公益性、乘客可承受、企业及财政可持续等原则，采用乘客 OD 大数据分析和公交营运成本规制数据分析相结合的方法，提取南海区公交乘客出行特征及公交营运特征，测算公交营运盈亏平衡里程，确定南海区公交合理基础票价，提出一票制+计程制、上车前门刷卡、下车站台刷卡的多元差异化公交票制票价方案。同时借鉴新加坡等其他国际城市经验，细分南海区公交运营成本构成特征，搭建契合于南海区实际特征的公交票价动态调节机制，推进南海区公交行业转型发展，助推品质南海建设。

【关键词】中小城市；节能减排；公交转型；票价改革；大数据分析

【作者简介】

刘敏，男，硕士，深圳市城市交通规划设计研究中心有限公司，工程师。电子信箱：liumin@sutpc.com

赵磊，男，硕士，深圳市城市交通规划设计研究中心有限公司，高级工程师。电子信箱：zhaolei@sutpc.com

刘祥峰，男，硕士，深圳市城市交通规划设计研究中心有限公司，中级工程师。电子信箱：liuxf@sutpc.com

吴超华，男，硕士，深圳市城市交通规划设计研究中心有限公司，佛山分院院长，高级工程师。电子信箱：wuch@sutpc.com

覃矞，男，博士，深圳市城市交通规划设计研究中心有限公司，华南区域中心副总工程师，高级工程师。电子信箱：qinyu@sutpc.com

杭州市机场轨道快线规划研究

邓良军　周杲尧　王　峰

【摘要】杭州正处于"后峰会、前亚运"时期，城市定位及空间布局正在发生重大变化，轨道交通建设已进入网络化发展阶段，轨道交通的需求也呈现多样化的特征。随着杭州都市区一体化及城市外围组团的快速发展，传统普速地铁线路已经难以满足日益增长的长距离出行需求，因此需要谋划城市快线系统，提供更快捷高效的出行服务。本文通过对杭州既有网络的评估分析、快线的发展契机、线站位走向选择、线路功能定位及效果评价等多方面的研究分析，充分论证了杭州机场轨道快线规划建设的必要性，同时结合规划实例总结轨道快线规划中的难点与问题提出相应的建议。

【关键词】杭州；机场轨道；快线

【作者简介】

邓良军，男，硕士，杭州市城市规划设计研究院，工程师。电子信箱：114103272@qq.com

周杲尧，男，硕士，杭州市城市规划设计研究院，副主任工程师，高级工程师。电子信箱：14989184@qq.com

王峰，男，硕士，杭州市城市规划设计研究院，所长，高级工程师。电子信箱：180902166@qq.com

基于 M/G/c/c 排队网络模型的地铁站应急疏散能力研究

丁晓青　贺佐斌

【摘要】地铁车站的疏散能力是保证安全和高效疏散的关键，因此为了降低突发事件和超大客流下人员疏散时发生事故的概率，就需要事先对地铁车站的应急疏散能力进行评估。本文选取疏散时间、客流密度以及设施瓶颈三个应急疏散能力评价指标，提出了分流型设施节点概率选择优化模型，以此优化地铁车站应急疏散能力评估的 M/G/c/c 排队网络模型，给出了基于该模型的应急疏散能力评估框架并设计实现了模型的求解算法。最后选取北京地铁建国门车站作为案例，评估其应急疏散能力。

【关键词】地铁车站；概率选择；排队网络模型；应急疏散能力

【作者简介】

丁晓青，女，硕士，厦门市交通研究中心，助理工程师。电子信箱：619140380@qq.com

贺佐斌，男，硕士，厦门市交通研究中心，助理工程师。电子信箱：husterhzb@qq.com

义乌市 BRT 一号线工程交通设计实践与思考

陈　懿　白玉方　项勤毅

【摘要】快速公交（BRT）在我国已发展多年，取得一定成绩的同时也不乏失败案例，如何科学发展快速公交已成为热议话题，而精细化交通设计可成为科学发展快速公交的一把利器。本文以义乌市 BRT 一号线工程交通设计为例，阐述工程背景、交通设计要点及运行现状。在此基础上，系统地提出快速公交建设四大要素：准确定位公交优先，重视公交出行链各环节，精细化设计、建设与管理相结合，为其他城市快速公交交通设计提供思路和借鉴。

【关键词】BRT；精细化设计；交通设计

【作者简介】

陈懿，男，硕士，杭州市综合交通研究中心，高级工程师。电子信箱：527274541@qq.com

白玉方，女，硕士，杭州市综合交通研究中心，工程师。电子信箱：379100318@qq.com

项勤毅，男，硕士，义乌市公安局交通警察大队，总工程师，工程师。电子信箱：723848069@qq.com

基于天津居民出行特征的轨道交通低客流思考

张　壮　邹　哲　崔　扬　高煦明

【摘要】通过对共享单车出现前后的居民出行调查数据进行对比分析，探究天津市居民出行特征及轨道站点慢行接驳交通特性，发现共享单车出现后，城市中心区域步行和自行车接驳的平均距离均有所下降。以居民出行特征为基础分析轨道交通低客流的原因，并从规划和建设阶段给出提高天津市轨道交通客流的建议。

【关键词】居民出行特征；低客流；轨道交通；慢行接驳交通；共享单车

【作者简介】

张壮，男，硕士，天津市城市规划设计研究院交通所，工程师。电子信箱：752144327@qq.com

邹哲，男，硕士，天津市城市规划设计研究院，总工程师，正高级工程师，注册城市规划师。电子信箱：tgyjts@126.com

崔扬，男，硕士，天津市城市规划设计研究院交通所，高级工程师，注册城市规划师。电子信箱：tgyjts@126.com

高煦明，男，硕士，天津市城市规划设计研究院交通所，工程师。电子信箱：ron_gogh@163.com

基于需求的上海市夜间公交
线路评估与优化

黄　凰

【摘要】夜间公交线路（上海市称为"公交夜宵线"）是城市夜间交通服务的重要载体之一。自开通运营以来，上海市夜宵线在服务工厂夜间通勤和火车、轮渡枢纽客流集散中发挥了重要作用。但随着经济发展和产业结构逐渐调整，城市原有夜间出行时空特征发生明显变化，既有线路未能及时配合出行需求的变化进行相应调整，导致客流逐年下降。本文在对夜宵线现状运营情况进行分析评估的基础上，通过手机信令数据和出行调查数据获取居民当前夜间出行需求的特征，并针对现状线路情况和交通需求分析结果，提出"以覆盖市区主要客流通道为主，兼顾中心城边缘地区客流需求"的夜间公交线路结构调整建议和以 23～24时、4～5 时作为夜间服务重心的运营优化策略。

【关键词】夜宵公交线；夜间出行需求；客流评估；线路优化

【作者简介】

黄凰，女，硕士，上海市交通港航发展研究中心，工程师。
电子信箱：hhuang12@foxmail.com

基于大数据的地铁站点客流量与
服务范围研究

——以北京为例

王　倩　刁晶晶　温慧敏　線　凯

【摘要】本研究运用轨道 IC 卡数据、LBS 数据分析了不同类型站点的客流量与服务范围的差异。在此基础上，结合 POI 数据对轨道交通站点的客流量与站点周边不同性质用地的相关性进行了分析讨论，根据高峰时段分布，将北京市轨道交通站点划分为居住型、工作型、双峰型、单峰型和全峰型。此外，对不同类型站点服务范围研究发现，居住型的站点实际服务范围最大，居住、就业和商贸类用地周边的站点实际客流远超过服务范围内人口数。研究结果可为未来轨道站点规划提供数据支撑，站点设计应重点关注居住、就业和商贸范围，以更好地提升轨道交通服务质量及其有效利用率。

【关键词】大数据；客流量；服务范围

【作者简介】

王倩，女，硕士，北京交通发展研究院，工程师。电子信箱：wangq@bjtrc.org.cn

刁晶晶，女，硕士，北京交通发展研究院，工程师。电子信箱：diaojingjing@bjtrc.org.cn

温慧敏，女，博士，教授级高级工程师

線凯，男，硕士，高级工程师

城市公共交通设施信息管理
系统框架设计

董 莹 程晓明

【摘要】随着社会经济的高速发展，城市交通问题日益严峻。公共交通是城市交通的重要组成部分，公交优先成为城市解决拥堵问题的一个共识，良好运转的公共交通系统是城市交通秩序能够稳定维持的重要一环。科学的公交体系规划能够有效提升城市公共交通系统服务水平，从而缓解城市交通压力。现阶段缺少信息化、智能化、系统化的方式进行公交相关数据的采集、存储、处理与评估，使其流程化与一体化。本文将基于 Internet、GIS 技术探讨公交设施信息管理系统框架的构建。

【关键词】信息管理系统；GIS；系统框架

【作者简介】

董莹，女，硕士，南京市城市与交通规划设计研究院股份有限公司，规划设计师，工程师。电子信箱：108583507@qq.com

程晓明，男，硕士，南京市城市与交通规划设计研究院股份有限公司，交通大数据工程技术研究中心主任，高级规划师。电子信箱：232699227@qq.com

油电混合公交车辆尾气排放预测研究

于泳波　程晓明

【摘要】针对油电混合公交车辆的尾气排放特性，通过采集的逐秒排放数据以及车辆运行状态数据，基于机动车比功率（VSP）分别建立三次多项式回归模型以及循环神经网络模型进行预测分析。预测结果表明，两种模型对于 CO_2、HC 和 NOX 质量排放率的预测效果较好，对应的拟合优度 R2 均能达到 0.70。而多项式拟合方法对于 CO 质量排放率的预测效果很差，与之相比，循环神经网络对于 CO 预测的 R2 可达到 0.65，精度超过了 1 倍以上。此外，为防止"过拟合"的现象，采用十折交叉验证的方法对两个回归模型进行了效果验证，结果表明，在调整相关参数的情况下，两个回归模型均具有较好的泛化能力。

【关键词】公交尾气排放；机动车比功率（VSP）；回归模型；循环神经网络；交叉验证

【作者简介】

于泳波，男，硕士，南京市城市与交通规划设计研究院股份有限公司，交通大数据工程技术研究中心规划设计师，助理工程师。电子信箱：magic1992yu@163.com

程晓明，男，硕士，南京市城市与交通规划设计研究院股份有限公司，交通大数据工程技术研究中心主任，高级规划师。电子信箱：232699227@qq.com

基于改进 DEA 的公交线路
运输效率评价

柯靖宇

【摘要】以公交线路运输效率为研究对象，在对运输效率影响因素分析的基础上，建立公交线路运输效率评价指标体系。选择数据包络分析（Data Envelopment Analysis，DEA）模型对公交线路运输效率进行评价。针对传统 CCR 模型（Charnes-Cooper-Rhodes Model）在无法设置指标权重约束和有效决策单元不能排序这两点上的不足，本文基于变异系数确定指标权重约束，将其与 CCWH 模型（Charnes-Cooper-Wei-Huang Model）结合，并引入理想点概念，建立了改进的 DEA 评价模型。最后利用改进的 DEA 模型对佛山南海区的 10 条公交线路进行运输效率评价，验证了模型的先进性和有效性。

【关键词】公交线路；运输效率；变异系数；数据包络分析法

【作者简介】

柯靖宇，男，硕士，南京市城市与交通规划设计研究院股份有限公司，助理工程师。电子信箱：529857398@qq.com

中小城市公交发展现状及政策建议

——以浙江省为例

杜　璇　王晓怡　何亚男

【摘要】随着社会经济的快速发展，中小城市的交通问题日益凸显。发展公共交通是缓解城市拥堵的有效途径，然而中小城市和大城市在城市规模、结构、功能上有很大区别，在公交的发展模式、发展政策引导上应和大城市有所区别。本文基于浙江省中小城市（县城）的公交发展主要指标和政策实施情况的调查和分析，采用模型拟合获得公交客运量和其他指标的关系。通过总结归纳适用于中小城市的公交优先策略，提出处于不同发展阶段和具备不同形态的中小城市选择不同政策的建议和考虑原则，并分享了浙江省中小城市已有的经验做法。

【关键词】中小城市；公交优先；发展策略；政策选择；经验做法

【作者简介】

杜璇，女，硕士，浙江省交通规划设计研究院有限公司，工程师。电子信箱：89123918@qq.com

王晓怡，女，硕士，浙江省交通规划设计研究院有限公司，助理工程师。电子信箱：wangxyking@163.com

何亚男，男，硕士，浙江省交通规划设计研究院有限公司，助理工程师。电子信箱：heyn@zjic.com

运营视角下对中运量公共交通
热潮的冷思考

陈旭光

【摘要】近几年来，我国掀起了一阵中运量公共交通建设热潮，各地纷纷上马各种跨座式单轨、现代有轨电车等中运量项目。本文旨在从运营视角对中运量公共交通建设热潮进行冷静思考，为后续相关的科学规划建设提供依据。首先对中运量公共交通的基本概念进行了简单介绍，结合国内外相关案例，对发展中运量公共交通的必要性和与城市的适用性进行了分析，并以现代有轨电车为例，从运营视角出发，对其实际运营效果进行识别，深入挖掘部分中运量线路运营效果不佳的深层次原因，并给出相应的发展建议。

【关键词】公共交通；中运量；跨座式单轨；现代有轨电车；运营

【作者简介】

陈旭光，男，硕士，中国城市规划设计研究院深圳分院，城市交通规划师，助理工程师。电子信箱：chenxg2020@126.com

灵活型公交发展对策研究

邵孜科　孙春洋

【摘要】随着城市公共交通建设的进一步推进，城市公共交通供给模式单一，无法满足乘客日益多样化和灵活化出行需求的问题日益突出。灵活型公交是一种介于常规公交和出租车之间的新型公交模式，它结合了常规公交和出租车的特点，在一定程度上，能够丰富城市公共交通供给模式。在介绍灵活型公交分类的基础上，对国外8个灵活型公交的失败案例进行了分析和总结，发现这些项目缺少可行性分析、运营成本高昂缺少资金支持、技术手段落后和竞争对手抵制是灵活型公交失败的主要原因。最后汲取国外灵活型公交的教训，针对存在的问题，提出了发展灵活型公交的对策，为我国发展灵活型公交提供参考。

【关键词】灵活型公交；失败教训；发展对策；公共交通

【作者简介】

邵孜科，男，硕士，江苏省城市规划设计研究院/江苏省城市交通规划研究中心，助理工程师。电子信箱：shaozike2013@163.com

孙春洋，女，硕士，南京交通职业技术学院，助教。电子信箱：sunchunyang7@163.com

上海 71 路中运量效果分析及公交骨干线规划思考

刘明姝　　王　磊　　薛美根

【摘要】随着轨道交通网络规模的扩大，地面公交线网功能层次未能相应调整，缺少在运送车速上具有更高水平的骨干线路。曾是公共交通客运主体的地面公交，客流量出现了持续下滑。在轨道交通网络密度较高的中心城，骨干公交线网的功能定位、选线原则以及运营模式是构筑多层次公交线网面临的核心问题。2017 年上海开通了 71 路中运量公交，对骨干公交线进行了探索和突破。本文分析 71 路中运量线路线位特征、运营模式、公交线路调整措施，进而分析 71 路的客流特征、运送车速水平和存在的不足。在此基础上提出了上海骨干公交线路的功能定位应是轨道交通的补充，为客流走廊中长距离出行提供相对快速的服务；提出选线布局应以覆盖客流走廊为主的四项原则；最后提出了运营模式应采用"主线+支线"模式以及通道上其他公交线路调整思路。

【关键词】上海 71 路中运量；公交线网规划；公交骨干线

【作者简介】

刘明姝，女，硕士，上海市城乡建设和交通发展研究院，高级工程师。电子信箱：liumingshutj@126.com

王磊，男，硕士，上海市城乡建设和交通发展研究院，高级工程师。电子信箱：79761249@qq.com

薛美根，男，硕士，上海市城乡建设和交通发展研究院，副院长，教授级高级工程师。电子信箱：xuemeigen2013@126.com

上海公共交通大数据云服务框架与应用展望

孙　亚　朱　昊

【摘要】公共交通发展是城市交通的发展导向和重要组成部分，而公共交通大数据是支持公共交通向未来发展的重要基础和实现手段。本文首先分析了上海公共交通大数据发展的总体背景和发展必要性，然后在上海公共交通大数据资源框架分析基础上，搭建了公共交通大数据整体业务框架和大数据技术框架，给出了上海公共交通大数据的未来主要应用方向，同时以实例方式罗列分析上海近期公共交通大数据的应用示范示例。通过大数据应用预期效果表明，公共交通大数据在企业运营、公众出行、政府管理与决策等应用方面提供了有力的支持。

【关键词】公共交通大数据；数据资源框架；智慧调度；信息服务；综合评价

【作者简介】

孙亚，男，博士，上海城市综合交通规划科技咨询有限公司，部门副经理，高级工程师。电子信箱：ysun_work@163.com

朱昊，男，硕士，上海城市综合交通规划科技咨询有限公司，副总经理，高级经济师。电子信箱：18901851668@189.cn

基于 SUE 的公交专用道布局优化研究

马美娜

【摘要】为了提高公交专用道设置后整体交通网络的效益，对交通网络中的专用道布局优化问题进行研究。专用道对公交车、小汽车运行产生的影响均考虑在内，将是否设置公交专用道作为决策变量建立双层规划模型，以道路网络总费用最小作为上层目标函数，多模式交通方式下随机用户均衡（Stochastic User Equilibrium，SUE）模型作为下层优化目标，并在模型的约束条件中引入 OD 对可达性系数的概念。在实际算例中，选取道路饱和度对布设专用道后的交通网络进行效果验证。结果表明，研究方法具有一定的实用性，既可以提高交通网络中的道路利用率，又可以在一定程度上缓解交通网络中的拥堵问题，使网络中的人均出行时间和平均饱和度分别降低 23.18% 和 15.52%。

【关键词】公交专用道；随机均衡配流；双层规划；OD 对可达性系数

【作者简介】
马美娜，女，硕士，广州市交通规划研究院，助理工程师。电子信箱：1913361910@qq.com

环珠江口湾区区域公交枢纽
构建思考

李橘云　柳　荫　欧阳剑

【摘要】为满足城市群、湾区城市间日益增长、多元化的出行需要，城际公交等新兴起跨市公交模式在区域交通客运方式中突显出愈发重要的作用。本文提出构建区域公交枢纽作为该方式的专用停靠场站并研究其规模等级、选址原则。以环珠江口湾区为例，区域公交枢纽能完善湾区客运枢纽体系构建，加快区域公共交通一体化发展，并提出了区域公交枢纽在规划、建设、管理等方面的实施保障。

【关键词】湾区；城际公交；区域公交枢纽；客运枢纽体系

【作者简介】

李橘云，男，硕士，广州市国土资源与规划委员会，教授级高级工程师。电子信箱：27469198@qq.com

柳荫，女，硕士，广州市国土资源与规划委员会，主任科员。电子信箱：435329665@qq.com

欧阳剑，男，硕士，广州市交通规划研究院，助理工程师。电子信箱：1131551023@qq.com

需求导向的中小城市公交发展
策略研究

黄婧婧　陈学武　程　龙

【摘要】中小城市快速城镇化带来出行需求的转变，主要体现为城市机动化水平提升，居民更加强调出行的舒适程度和出行时间，而对出行费用的敏感程度降低。公交服务也需要随之确定新形势下的功能定位和发展策略。本文基于中小城市的居民出行调查数据和统计年鉴，从集计的角度分析当前中小城市公交服务供需特征，确定中小城市公交发展应以社会服务功能和引导城市交通转型功能为主，提高公交服务对公共设施的可达性，同时重点优化城市客流走廊的公交服务，适当限制小汽车，保障公交良好的运营环境，提升公交服务吸引力。

【关键词】中小城市；需求分析；功能定位；发展策略

【作者简介】

黄婧婧，女，硕士，深圳市城市交通规划设计研究中心有限公司/东南大学交通学院，技术员工。电子信箱：huangjingjing1209@163.com

陈学武，女，博士，东南大学江苏省城市智能交通重点实验室，教授，博士生导师。电子信箱：chenxuewu@seu.edu.cn

程龙，男，博士，比利时根特大学，博士后。电子信箱：long.cheng@ugent.be

TOD 和 DOT 视角下大城市中心城区现代有轨电车功能分析

陈学武　孙　嘉　程　龙　陈景旭

【摘要】TOD（Transit-oriented Development）和 DOT（Development Oriented Transit）是促进城市理性增长和公交科学发展的重要策略。国内外的实践经验表明，通过合理配置道路空间资源，现代有轨电车在适应性、灵活性及造价等方面能与地铁合理分工、相互配合，满足多样化的出行需求。本文在分析总结我国大城市中心城区交通供需特点和问题基础上，阐述了现代有轨电车在平衡交通供需过程中对土地利用和公共交通协调发展的促进作用，为我国城市现代有轨电车的发展提供参考和借鉴。

【关键词】交通与土地协调发展；中心城区；现代有轨电车；供需特点；功能分析

【作者简介】

陈学武，女，博士，东南大学，教授。电子信箱：chenxuewu@seu.edu.cn

孙嘉，女，硕士，东南大学。电子信箱：1042721571@qq.com

程龙，男，博士，根特大学，博士后。电子信箱：long.cheng@ugent.be

陈景旭，男，博士，东南大学，博士后。电子信箱：chenjingxu1989@gmail.com

国内外大城市地面公交转型期发展经验及启示

刘雪杰　陈　静　沈帝文

【摘要】像国内外很多大城市一样，北京近几年公交客流正呈现出明显下降的趋势。本文基于大数据分析了北京市地面公交客流下降的特征，并借鉴国内外发展经验，对公交转型期采取的有效措施进行了深入的分析，最后结合北京的实际，提出了未来地面公交的发展重点，包括地面公交与轨道线网融合发展，提高地面公交网与道路网、公交专用道网三者匹配度，提高地面公交运行可靠性，加强质量考核等四个方面，以对北京及其他大城市地面公交的发展有所启示。

【关键词】地面公交；大数据；融合发展；匹配度；可靠性

【作者简介】

刘雪杰，女，硕士，北京交通发展研究院，交通规划所副所长，高级工程师。电子信箱：99168723@qq.com

陈静，女，硕士，北京交通发展研究院，工程师。电子信箱：chenj@bjtrc.org.cn

沈帝文，男，硕士，深圳市城市交通规划设计研究中心，工程师。电子信箱：stevendshen@gmail.com

TransCAD 利用 GTFS 数据建立
公交线网研究

阎逸飞　于　琛

【摘要】为了解决手动绘制公交线网工作量大，使用矢量公交线网去匹配道路需要开发设计的问题，交通规划常用的 TransCAD 软件提供了导入 GTFS 数据建立公交线网的功能，然而国内很少能有公开提供 GTFS 格式公交数据的来源。通过分析互联网公交数据与 Google 公司 GTFS 格式的公交数据，结果发现只需要通过简单的操作，即可以把获取的互联网公交数据转为 GTFS 格式，然后通过 TransCAD 软件可以自动生成的匹配道路的公交线网。此方法大幅提高了工作效率，但考虑到路网的完善程度等因素，导入的公交线网局部存在着与实际走向不一致的地方，仍然需要进行一定的人工核对修改工作。

【关键词】公交线网；GTFS；TransCAD

【作者简介】

阎逸飞，男，硕士，上海汇衡交通规划设计咨询有限公司，助理工程师。电子信箱：fin20121221ish@163.com

于琛，男，本科，上海市交通港航发展研究中心，交通规划模型室主任，工程师。电子信箱：24465788@qq.com

轨道交通站点服务范围及接驳
方式比例研究

高煦明　万　涛

【摘要】为更深入地研究轨道交通站点的服务范围特征和接驳比例特征，借助天津市 2017 年居民出行调查的部分数据成果，探究现状轨道交通站点的服务范围和接驳方式比例。对天津市中心城区轨道站点分类展开研究，比较分析不同区域站点的服务范围和接驳比例的异同性。然后以典型站点为例，分析接驳服务存在的症结，通过本文的研究，为后续精细化指导站点接驳规划设计工作夯实基础。

【关键词】轨道交通；接驳比例；站点服务范围

【作者简介】

高煦明，男，硕士，天津市城市规划设计研究院，工程师。电子信箱：903089786@qq.com

万涛，男，硕士，天津市城市规划设计研究院，高级工程师。电子信箱：1169468702@qq.com

大型公共服务设施公共交通可达性评价方法

谢 琛

【摘要】公共交通对于大型公共服务设施实现"均等化"目标有着重要影响，由于公共交通路网复杂，传统基于 GIS 模型的公共交通可达性评价方法难以模拟出复杂的环境，本研究提出一种利用地图服务商的 Web 服务接口的简单计算方法，从交通时耗和交通距离两方面分别对上海市迪士尼乐园、虹桥机场和浦东国际机场的公共交通可达性进行测算，发现交通时耗与交通距离的可达性差异明显，该方法可以满足公共交通复杂网络可达性评价的要求，同时该方法也可以推广适用于不同区域范围、不同交通方式、不同地理对象的交通可达性评价。

【关键词】公共交通；可达性；公共服务设施；交通成本；地图 Web 服务

【作者简介】

谢琛，女，本科，同济大学建筑与城市规划学院。电子信箱：xiechen1023@163.com

天津市外围组团地区公交发展探索

——以西青区中北镇为例

唐立波　李　科　郭本峰

【摘要】主城区外围组团在城市化的不同发展阶段其交通需求特征存在差异，交通发展应注重与城市发展阶段协同。本文以天津市西青区中北镇为例，从公共交通与城市协同发展角度，对主城区外围组团地区公交发展进行了探索。

【关键词】主城区外围组团；公交；协同发展

【作者简介】

唐立波，男，天津市城市规划设计研究院，工程师。电子信箱：tjjtzx@126.com

李科，男，天津市城市规划设计研究院，高级工程师，注册城市规划师

郭本峰，男，天津市城市规划设计研究院，高级工程师

06 步行与自行车

基于大数据融合分析的城市
绿道使用后评价

——以武汉市东湖绿道一期为例

陈舒怡　高　嵩　李玲琦

【摘要】城市绿道作为自然在人类社会的延伸而不断受到重视，建设绿道更是成为提升城市品质的有效途径。然而绿道的研究主要集中于前期规划层面，缺少对实施效果，尤其是交通影响后评估维度的探讨。为弥补以上研究的不足，本文基于大数据融合分析，以武汉东湖风景区绿道一期为例，探讨其规划实施效果，以期为后续的规划建设以及政府决策提供理论支持。

【关键词】大数据；城市绿道；使用后评价；武汉东湖

【作者简介】

陈舒怡，女，硕士，武汉市规划研究院，规划师，助理工程师。电子信箱：shu-yeer@qq.com

高嵩，男，硕士，武汉市交通发展战略研究院，规划师，中级工程师。电子信箱：gsgshhhh@vip.qq.com

李玲琦，女，硕士，武汉市交通发展战略研究院，规划师，中级工程师。电子信箱：631356929@.qq.com

从系统性到精细化

——厦门市慢行系统规划建设策略研究

史志法　王贤卫

【摘要】慢行交通系统是绿色交通的重要组成部分，是城市交通可持续发展的关键。历年来，厦门市遵循从系统性到精细化的建设路径完成了一系列慢行交通系统典范项目。厦门市根据特有的生态空间格局，在城市层面完成了绿岛和慢行系统总体规划、厦门岛步行系统实施策划和厦门自行车系统规划。精细化实施路径提出深化街区路网体系重构，打造适合慢行的节点和断面设计、绿色慢行系统与公交系统的接驳。厦门市绿色慢行系统规划建设策略和实践可以为其他城市的实践提供参考和借鉴。

【关键词】城市交通；慢行系统；建设策略；系统化；精细化

【作者简介】

史志法，男，硕士，厦门市交通研究中心，所长，高级工程师。电子信箱：15343040@qq.com

王贤卫，男，博士，厦门市交通研究中心

大都市近郊区慢行交通发展策略分析

——以天津市西青区为例

于守静　崔　扬　纪尚志

【摘要】慢行交通是城市综合交通体系中至关重要的组成部分，特别是在城市环境、生活品质日益受重视的情况下，各个城市交通规划理念都已经转变为将提高人的"移动性"作为规划目标。大都市近郊区承担着主城区人口、产业转移的功能，交通需求及特征较复杂，尤其需要制定切实可行的慢行交通发展战略。本文以天津市西青区环外地区为例，分析慢行交通系统所承担的功能，并给出发展建议。

【关键词】慢行交通；近郊区；发展策略；天津

【作者简介】

于守静，女，硕士，天津市城市规划设计研究院，工程师。电子信箱：1785653@qq.com

崔扬，男，硕士，天津市城市规划设计研究院，高级工程师

纪尚志，男，硕士，天津市城市规划设计研究院，工程师

自行车停车设施规划管理问题探讨

王熙蕊

【摘要】共享单车自 2016 年在全国各大城市相继推广以来，有效地缓解了"最后一公里"问题，满足居民提升出行质量的追求，还复兴了沉寂多年的自行车交通。一些城市的自行车出行比例开始回升，贯彻了绿色出行的发展理念。但随之而来的自行车无序停放现象又引发了新的社会问题。在此，本文梳理当前相关法律法规、现有城市规划体系和交通规划领域中关于自行车停车的内容，厘清现有国家和行业标准规范对自行车停放的要求，浅析我国部分城市自行车停车设施规划管理的政策措施，提出提高自行车停车法律保障，强化标准规范制定，加强相关规划编制内容，严格加以实施的建议，以期有助于缓解自行车停放供需矛盾，保障私人自行车停放权。

【关键词】自行车；停车设施；交通规划；规划管理

【作者简介】

王熙蕊，女，硕士，住房和城乡建设部城乡规划管理中心，助理研究员。电子信箱：347650295@qq.com

山地城市轨道车站步行可达性
评估方法与实践

但　媛　周　涛　乐伍杉　李　雪

【摘要】提升轨道车站可达性是提高公共交通分担率、优化居民出行结构的重要途径。以往轨道车站可达性评价一般采用站点中心或出入口 500m 半径覆盖的面积或人口岗位数进行分析，以实现 10 分钟步行可达的目标；在山地城市，受轨道车站埋深、出入口数量、步行系统密度、干路分割等因素影响，步行 10 分钟可达范围与轨道站点 500m 半径覆盖范围存在较大差距。本次研究结合山地城市特征，调整步行可达性评估指标，将距离角度调整为时间角度来评估轨道车站可达性，分析相同步行时间覆盖的用地，进而分析覆盖的人口和岗位情况。另外，考虑居民全程出行时间中，轨道出行时间统计是从进站闸机至出站闸机的刷卡时间，而出入口至检票闸机的步行时间常常被忽略。本次研究调整以往评估的计算起点，从轨道出入口调整为轨道检票闸机，即轨道车站可达性 10 分钟可达的范围从乘客从闸机出站后开始计算，分别计算平峰时段乘客从检票闸机出站后步行 5 分钟和 10 分钟能到达的范围，并与相应的半径覆盖范围进行对比。选取重庆主城区六个典型轨道车站进行评估分析，总结山地城市轨道车站步行可达性的主要影响因素。最后，提出可达性提升措施建议。

【关键词】城市交通；轨道车站；步行；可达性；山地城市

【作者简介】

但媛，女，硕士，重庆市交通规划研究院，高级工程师。电子信箱：402537208@qq.com

周涛，男，学士，重庆市交通规划研究院，副院长，教授级高级工程师

乐伍杉，男，硕士，重庆市交通规划研究院，工程师

李雪，女，重庆交通大学在读硕士

山地城市步行体系规划

——以大理海东为例

冯红霞　　宋成豪　　李庆丽

【摘要】本文首先研究山地城市步行交通的特性及影响因素，从步行出发的起讫点和路径两个方面入手，选择场地环境、地形条件、公共服务设施布局、居住小区出入口、建筑布局以及步行设施的便捷性、安全性、舒适度等因素，确定合理的步行路径和环境。然后从山地城市步行交通特性研究入手，以大理海东新城中心城区为例，以绿脉为步行的整体骨架，建构出一个不仅可以适应地形起伏变化，而且能够充分展现自然特色观景走廊的步行系统。最后选择大理海东新城居住组团为出行单位，在组团内部形成完善的步行体系，组团间通过节点联络形成完善的区域交通系统。最后，选择已经建设完成且准备投入使用的居住小区，进行详细的步行体系规划，并从休闲、通勤、上学三个不同的出行目的计算区内出行时间，并提出了步行设施的管理意见。

【关键词】山地；步行出行；影响因素；详细规划；出行

【作者简介】

冯红霞，女，博士，西安建大城市规划设计研究院，高级工程师。电子信箱：83658332@qq.com

宋成豪，男，硕士，西安建大城市规划设计研究院，工程师。电子信箱：307455009@qq.com

李庆丽，女，硕士，西安建大城市规划设计研究院，工程师。电子信箱：365340669@qq.com

世界一流的高原慢行交通规划设计实践

——以拉萨市为例

曹国华　王　涛　王树盛

【摘要】慢行系统不仅仅是一种交通方式，更是城市活动系统的重要组成部分，引导城市空间布局、交通结构、设施布设、资源配置的人性化回归。本文从慢行分区、慢行空间构建、慢行交通设施等几个方面着手讨论了慢行交通规划的主要内容和方法。同时，以拉萨市慢行交通规划为例，跳出慢行看慢行，明确慢行交通在拉萨的功能定位和发展策略，提出慢行交通与城市沿街建筑空间、公共设施布局以及景观体系布局关系协调，并通过对拉萨城区内道路网布局特征以及水系、文化等特色空间研究，提出生活慢行网络、休闲慢行网络以及文化慢行网络"三网合一"的慢行交通网络规划方法，最后提出了基于慢行网络交汇的慢行点状空间建设，为同类研究提出了新思路。

【关键词】慢行规划；空间；绿化；设施

【作者简介】

曹国华，男，博士，江苏省城市规划设计研究院，副院长，研究员级高级工程师。电子信箱：1150120692@qq.com

王涛，男，硕士，江苏省城市规划设计研究院，工程师。电子信箱：303559326@qq.com

王树盛，男，博士，江苏省城市规划设计研究院，副总工程师，研究员级高级工程师。电子信箱：wangss@jupchina.com

中小城市复兴自行车交通发展策略

——以青岛市城阳区为例

宫晓刚　王伟智　郑晓东　房　涛

【摘要】为改善自行车出行环境，从政策制定、道路空间保障和人性化设计三方面提出复兴自行车交通的发展策略。分析了自行车交通发展历程及衰退原因，总结国内外城市复兴自行车交通经验教训。对城市空间、出行特征及出行环境等自行车交通发展基础条件进行分析，以吸引中短距离出行和加强与公共交通接驳换乘为出发点，提出自行车交通发展战略目标。研究自行车通行空间，提出规划自行车道形式及宽度控制要求，保障自行车道基本路权。协调自行车道与公交站台和路内泊车关系，优化道路断面，提高自行车道连续性和安全性。通过顶层战略制定、中层规划控制和下层精细化设计构建安全通达的自行车网络。

【关键词】城市交通；自行车交通；发展策略；宽度研究；战略制定

【作者简介】

宫晓刚，男，硕士，青岛市城市规划设计研究院，工程师。电子信箱：15192650325@163.com

王伟智，男，硕士，青岛市城市规划设计研究院，工程师。电子信箱：qdjtyjzx@vip.163.com

郑晓东，男，硕士，青岛市城市规划设计研究院，工程师。电子信箱：qdjtyjzx@vip.163.com

房涛，男，硕士，青岛市城市规划设计研究院，工程师。电子信箱：qdjtyjzx@vip.163.com

历史文化街区慢行系统的活力再生对策研究

陈钢亮　任　道　唐建新　杨吉华　杜丹丹　马刘炳　何　颋

【摘要】活力再生是历史文化街区保护和利用的关键所在，本文从交通规划的角度出发，采用系统分析的方法，以慢行系统为切入点，将历史文化街区的活力表现和慢行系统特点有机结合，通过分析慢行系统在街区活力表现上存在的不足，制定了以人为本、展现特色、维持肌理、杂而不乱、宣而不闹等规划原则，进而从系统的结构层次、要素的有机串联、设施的补充完善、指引系统的构建、与城市道路慢行系统的衔接等方面提出了街区活力再生对策，引导历史文化街区的保护和利用。

【关键词】历史文化街区；慢行系统；活力再生

【作者简介】

陈钢亮，男，硕士，绍兴市城市规划设计研究院，工程师。电子信箱：95523307@qq.com

任道，男，本科，镇江市规划设计研究院，高级工程师

唐建新，男，本科，绍兴市城市规划设计研究院，交通所所长，高级工程师

杨吉华，男，本科，绍兴市城市规划设计研究院，工程师

杜丹丹，女，硕士，绍兴市城市规划设计研究院，工程师

马刘炳，男，硕士，绍兴市城市规划设计研究院，工程师

何颋，男，本科，绍兴市城市规划设计研究院，高级工程师

慢行交通设施微观评价指标研究

——以广州为例

王伟涛

【摘要】在广州市慢行交通系统发展目标的基础上，结合慢行交通系统发展新动向，从连续、便捷、安全、舒适、人性化 5 个方面建立道路慢行交通设施微观评价指标体系，包含 21 项具体评价指标。以广州市天河区体育东路为例，对其慢行交通设施进行评价，指出需要改进提升的地方，从实例的角度验证了评价指标体系及评价方法的适用性。本文所提出的评价指标为今后建立慢行友好道路规划设计提供方案评价体系奠定良好的基础，有助于增加城市慢行交通吸引力。

【关键词】慢行交通规划；微观；评价指标；广州

【作者简介】

王伟涛，男，硕士，广州市交通规划研究院，工程师。电子信箱：869264696@qq.com

基于可达性分析的厦门岛步行
接驳改善研究

黄　丽

【摘要】随着厦门岛公共交通供给水平的提升，乘客对到达公交站点的便捷性、舒适性的要求不断提高。为了进一步提升公共交通系统的服务水平，从步行者的最直接需求出发，采用步道密度和步行可达性为指标，针对厦门岛现状公共交通步行接驳系统进行评价，选取出步行接驳改善需求较高的站点进行改善，并以中孚花园轨道站为例进行改善方案说明。

【关键词】步行接驳系统；步道密度；可达性；步行接驳改善；厦门岛

【作者简介】

黄丽，女，硕士，厦门市交通研究中心，助理工程师。电子信箱：1059680289@qq.com

面向活力提升的都市圈周边城镇慢行规划设计

——以上海周边花桥为例

陈 田 李 健

【摘要】受房价和购房资格限制，目前不少年轻人群体选择在都市圈周边城镇居住生活。然而这些城镇大量且快速的房地产开发仅满足了居住需求，在慢行基础设施、公共交通接驳和区域活力营造方面十分欠缺。本文基于相关理论方法、居民出行分析并借鉴国内外相关经验，统筹考虑慢行交通的通过性功能和公共空间交流功能，在提升城镇活力的目标下提出安全有序、便捷舒适、活力友好的规划愿景，并应用在花桥国际商务城慢行交通规划设计中。

【关键词】都市圈；城镇；慢行；活力提升

【作者简介】

陈田，男，硕士，同济大学交通运输工程学院交通工程系。电子信箱：1921965132@qq.com

李健，男，博士，同济大学交通运输工程学院交通工程系，副教授。电子信箱：jianli@tongji.edu.cn

07 停车

基于停车普查的沈阳市停车
改善策略研究

刘　威　王志成　范东旭　李绍岩

【摘要】研究以沈阳市中心城区停车普查成果为基础，分析沈阳市停车设施供应和停车需求，找到矛盾突出点，有的放矢地制定停车改善策略。研究以沈阳市居住小区、办公单位、商圈、三甲医院、中小学五类热点地区停车难问题为突破口，以挖潜、盘活、共享等措施最大限度地利用既有停车资源为主要策略，以新建公共停车场为辅助策略，破除沈阳市停车难问题。为保障停车改善策略的实施效果，从停车共享、停车差异化收费、车位产权办理、停车建设补贴等方面进行了相关发展政策研究。

【关键词】停车普查；停车改善；停车缺口；改善策略

【作者简介】

刘威，男，硕士，沈阳市规划设计研究院，教授级高级工程师

王志成，男，硕士，沈阳市规划设计研究院，工程师。电子信箱：wangzhicheng10@126.com

范东旭，男，硕士，沈阳市规划设计研究院，工程师

李绍岩，男，硕士，沈阳市规划设计研究院，教授级高级工程师

基于精细化管理缓解城市停车问题的研究

刘跃军　郭继孚　顾涛　胡乃文

【摘要】城市化进程中，机动化的超前发展和相关配套措施的不足造成停车供需矛盾突出。停车侵占公共活动空间、道路空间的现象十分普遍，老旧居住区停车问题尤为明显。当前存在管理方式老旧、管理职责划分不明等问题，没有充分发挥应有作用。精细化管理是提升城市管理水平的重要路径，通过实施有效的精细化管理，能够极大地提升城市停车管理的水平，因地制宜地缓解城市停车问题。本文以北京停车管理为例，通过分析停车问题的现状、原因、成功的精细化管理实例，提出了完善停车精细化管理的建议。

【关键词】机动化；精细化；停车管理；因地制宜

【作者简介】

刘跃军，男，硕士，北京交通发展研究院，交通运输中级工程师，咨询工程师（投资），注册安全工程师。电子信箱：liuyj@bjtrc.org.cn；liuyuejun002@126.com

郭继孚，男，博士，北京交通发展研究院，院长，教授级高级工程师。电子信箱：guojf@bjtrc.org.cn

顾涛，男，硕士，北京交通发展研究院，副院长，副研究员。电子信箱：gut@bjtrc.org.cn

胡乃文，女，硕士，北京交通发展研究院战略研究所，助理工程师。电子信箱：hunw@bjtrc.org.cn

深圳市停车大调查方法与实践

马龙斌　王　超　程群群

【摘要】停车调查是编制停车设施规划和构建停车管理平台的基础，通过对各类停车设施进行摸底调查，掌握停车设施供需现状，以针对性地制定停车设施规划，建立停车设施基础数据库，为政府决策提供依据。深圳市停车大调查采用全样本形式，以质量为中心，以小汽车停车设施为重点，主要围绕"干什么、谁来干、干多少、怎么干"等核心问题，按照事前谋划、事中督导、事后检查流程展开。本文主要从调查内容、调查组织、调查质量控制等方面阐述深圳市停车调查的良好经验，以期为其他城市开展停车调查工作提供参考。

【关键词】停车设施；停车调查；调查组织；ArcGIS

【作者简介】

马龙斌，男，本科，深圳市都市交通规划设计研究院有限公司，规划三所所长，工程师。电子信箱：24124239@qq.com

王超，男，本科，深圳市发展和改革委员会，城市发展处副处长，工程师。电子信箱：406172271@qq.com

程群群，女，硕士，深圳市都市交通规划设计研究院有限公司，工程师。电子信箱：905269581@qq.com

停车费和出行时间比对交通
方式转移的影响

涂　强　汪　洋　闫松涛　李永博　张晓东　郑丽丽

【摘要】随着社会经济的发展，部分中小城市私家车保有量迅速攀升，道路网密度却处于较低水平，供需矛盾突出，由此形成交通拥堵等问题。以拉萨市为例，通过对 1503 名居民进行问卷调查，初步分析拉萨市居民的私家车使用现状和出行意向，并进一步针对停车费和公交出行时间比，采用二元 Logistic 回归方法分析两项核心指标对居民交通方式转移的影响，由此为制定合理有效的交通需求管理政策和交通规划目标提供决策支撑，诱导居民从私家车转移至公共交通出行方式，以缓解交通拥堵等城市问题。

【关键词】城市交通；方式转移；二元 Logistic 回归；停车费；出行时间比

【作者简介】

涂强，男，硕士，北京市城市规划设计研究院，助理工程师。电子信箱：tuqiang729@163.com

汪洋，男，硕士，北京市城市规划设计研究院，高级工程师。电子信箱：bicpjts@163.com

闫松涛，男，博士，北京市首都规划设计工程咨询开发有限公司，工程师。电子信箱：279653565@qq.com

李永博，男，硕士，北京艾威爱交通咨询有限公司，工程

师。电子信箱：liyongbo1209@163.com

张晓东，男，硕士，北京市城市规划设计研究院，交通规划所副所长，教授级高级工程师。电子信箱：13511029809@139.com

郑丽丽，女，硕士，北京交通工程学会，工程师。电子信箱：zhlily@163.com

基于 TOPSIS 法的 B+R 换乘停车场选址研究

姜玉佳　过利超

【摘要】近年来城市建设发展迅速，拥堵问题随之而来，城市轨道交通系统是解决交通拥堵问题的重要举措之一，如何提高轨道交通站点服务范围，具有重要意义。通过在轨道站点周边建设自行车换乘停车场，可有效加强轨道与自行车交通的接驳换乘，提高轨道交通设施服务范围。本文以自行车换乘停车场配置要求、轨道交通与自行车换乘（B+R）衔接特征为研究基础，选取自行车停车场与轨道站点出入口之间的距离、停车场建设费用、停车干扰程度、停车可达性与选址冲突性 5 个成本型选址决策指标，通过 TOPSIS 法建立自行车换乘停车场选址模型。最后，选取火车站综合客运枢纽地区的轨道站点周边自行车换乘停车场选址进行示例应用展示。

【关键词】轨道交通；自行车停车场；B+R 换乘；TOPSIS 法；选址决策

【作者简介】

姜玉佳，女，硕士，江苏省城市规划设计研究院，工程师。电子信箱：307503759@qq.com

过利超，男，博士生在读，东南大学交通学院。电子信箱：76448014@qq.com

基于供给总量控制的老城区
停车问题分析

戴光远 黄富民 李 铭

【摘要】随着机动化快速发展，南京市尤其是老城区停车矛盾凸显。老城区由于高强度开发，无法支撑大规模停车设施新建，如何在有限的空间中合理布设停车设施成为急需解决的问题。本文首先通过大数据检索和现状调研相结合的方法，利用现状抽样调查结果聚类分组扩样，计算老城区居住配建供给总量，结合其他基础资料获取老城区现状停车情况并进行问题分析；在此基础上，通过路网容量限制等多种模型构建和基础数据结合，分析不同控制条件下不同类型车位供给总量的上限值，给出老城区基本车位和出行车位供给总量的推荐值，作为后续停车设施布设的上限；最后，基于停车供给总量控制，结合老城区实际情况，合理布设路外公共停车设施，有效缓解老城区停车供需矛盾。

【关键词】老城区停车；供给总量控制；基本车位总量；出行车位总量；布局规划

【作者简介】

戴光远，男，博士，江苏省城市规划设计研究院（江苏省城市交通规划研究中心），工程师。电子信箱：dgy129@163.com

黄富民，男，江苏省城市规划设计研究院（江苏省城市交通规划研究中心），总工程师，教授级高级工程师。电子信箱：

huangfm@jupchina.com

　　李铭，男，博士，江苏省城市规划设计研究院（江苏省城市交通规划研究中心），研究员级高级工程师。电子信箱：44770540@qq.com

大城市外围小型产业片区停车换乘组织探讨

陈永茂

【摘要】停车换乘组织一般应用于进入大城市中心区小汽车交通停车换乘轨道等公共交通方式，减少进入城市中心区的小汽车交通量。大城市外围的小型产业片区由于具有用地类型较为单一、职住关系不平衡、通勤交通集中出行、内部路网承载能力有限等特点，停车换乘组织能有效降低片区外部交通对内部交通体系的冲击，降低交通拥堵风险并有利于打造高品质城市环境，具有一定的针对性与适应性。本文详细分析了大城市外围小型产业片区的一般交通特点及停车换乘组织的交通适应性，针对所有交通出行方式分析不同的停车换乘组织模式及选择优劣性，提出支撑片区实施停车换乘组织的内外交通体系构建思路，可作为大城市外围小型产业片区交通组织参考思路。

【关键词】大城市；小型产业片区；停车换乘；交通组织

【作者简介】

陈永茂，男，深圳市城市交通规划设计研究中心有限公司（深圳市交通信息与交通工程重点实验室）。电子信箱：chenyongmao21@163.com

关于路内停车的思考

——以佛山为例

李　旺

【摘要】路内停车是解决停车难问题的措施之一，但在发展和使用过程中存在着一定的问题，若不能优化其使用效果，反而会造成道路资源的浪费，诱发交通拥堵。本文分析了目前路内停车存在的共性问题，总结归纳国内先进城市的发展经验，对比佛山实际情况，提出佛山路内停车面临的困境与应对策略措施。

【关键词】路内停车；行政事业性收费；停车收费

【作者简介】

李旺，男，硕士，深圳市城市交通规划设计研究中心有限公司（广东省交通信息工程技术研究中心），工程师。电子信箱：345226865@qq.com

基于仿真的机械立体车库服务评价方法研究

黄灿锐

【摘要】机械式立体停车设备因其平均占地面积小的优势，成为城市用地集约地区缓解停车难的重要方法之一，但目前少有对机械立体车库服务水平的研究。本文以深圳市龙岗中心医院机械式立体停车库建设工程为例，运用交通流理论及排队论相关知识，基于 VISSIM 的仿真分析验证方法，分析平均存取车时间和出入口数量对车库服务水平的影响及优化建议，并最终探索形成针对机械立体车库的服务水平评价方法。

【关键词】机械立体停车设备；排队论；VISSIM 仿真；服务水平；方案优化

【作者简介】

黄灿锐，男，本科，深圳市城市交通规划设计研究中心有限公司（广东省交通信息工程技术研究中心），工程师。电子信箱：huangcanrui@sutpc.com

基于停车共享的城市综合体
停车需求研究

徐国山　陈忠康　崔晓天

【摘要】城市综合体是城市交通的重要发生吸引源，合理配置城市综合体停车位数量对综合体周边路网交通影响和交通组织有重要意义，在规划建设阶段加入停车共享理念，对综合体的开发建设有指导性作用。本文对综合体的客流特点进行了分析，通过研究客流量与综合体各业态开发量之间的关系，考虑综合体内部各业态之间的相互影响，建立了非线性回归模型，对综合体客流量进行预测。文中分别对比了商业办公主导型和商业住宅主导型综合体各业态开发量的变化对客流量的影响。另外，基于综合体各业态之间客流量存在高峰交错的特征，建立了停车资源共享模型，对现有停车预测模型进行改进，获得合理的停车泊位需求。最后，以昆山南站综合体为例验证了模型的适用性。

【关键词】共享停车；城市综合体；客流预测；停车需求

【作者简介】

徐国山，男，硕士，深圳市城市交通规划设计研究中心有限公司（广东省交通信息工程技术研究中心），工程师。电子信箱：gshxu910408@163.com

陈忠康，男，本科，深圳市城市交通规划设计研究中心有限公司（广东省交通信息工程技术研究中心），工程师。电子信箱：460555899@qq.com

崔晓天，男，博士，深圳市城市交通规划设计研究中心有限公司（广东省交通信息工程技术研究中心），四川分院副院长，高级工程师。电子信箱：cuixt@sutpc.com

美国停车配建标准政策的
分析与借鉴

王学勇　周　岩　邵　勇　刘志明

【摘要】 颁布地方停车配建标准已经成为应对停车发展问题的主要方法，美国的停车配建标准政策已经有近一百年历史，其配建指标不断提高，种类愈发繁多。早期的停车配建标准是为了减少项目开发的外部交通影响，采用提供充足停车位的方法，但过量的停车标准导致了小汽车迅速增长，引发交通、环境、城市形态、经济、可持续发展等一系列不良后果。20 世纪 70 年代以来，美国开始批评停车配建下限指标政策，指出停车配建下限指标既存在编制科学性问题，又存在不良外部影响，因此研究和实践了众多改革措施，包括取消停车配建下限指标、设置停车上限、提出多种指标折减方法。理查德·威尔逊提出了一种分解停车标准的理性编制方法。本文对比中国与美国主要城市停车配建标准，分析国内停车配建标准的进步与不足，建议国内停车标准应更加注重统计科学性、影响因子系统性、公众参与性，并加强停车管理。

【关键词】 停车配建标准；停车下限指标；标准折减；停车改革

【作者简介】

王学勇，男，硕士，天津市渤海城市规划设计研究院，交通所所长，所总工程师，高级工程师。电子信箱：32773253@

qq.com

周岩，男，硕士，天津市渤海城市规划设计研究院，工程师。电子信箱：bhyjts@126.com

邵勇，男，硕士，天津市渤海城市规划设计研究院，副院长，高级工程师。电子信箱：bhyjts@126.com

刘志明，男，硕士，天津市渤海城市规划设计研究院，工程师。电子信箱：bhyjts@126.com

上海市 P+R 停车场库发展
策略研究

喻军皓

【摘要】分析了上海市现状 P+R 停车场库的停车特征、运营成效、存在的主要问题及成因，针对影响 P+R 停车场库运营效果的主要因素，明确了 P+R 停车换乘的功能定位，提出了上海市 P+R 停车的发展需求、发展目标、发展策略及规划布局思路，并从规划建设、开发投融资、运营管理等方面提出了相应的政策保障措施。

【关键词】P+R 停车场库；运营特征；效果评估；发展策略

【作者简介】

喻军皓，男，硕士，上海市交通港航发展研究中心，交通规划研究所副总工程师，高级工程师。电子信箱：734676185@qq.com

停车产业化导向的城市停车
问题改善对策研究

——以青岛市为例

王田田　马　清　刘淑永　房　涛

【摘要】停车设施具有较强的私人产品属性，其供给和服务应当是市场化产业，而非基本公共服务。从泊位需求角度，青岛市停车增量空间巨大，停车存量共享为大势所趋，停车具有良好的产业化发展前景。本文从实际案例的投资效益分析出发，解读目前环境下停车场实施存在的问题，提出从总体上进行停车产业化发展制度设计的必要性和基本思路。在建立青岛市停车产业化政策保障体系的基础上，从统筹规划停车资源、制定停车场建设优惠政策、拓宽停车场建设融资渠道、建立停车智能管理平台的角度，对促进停车产业化发展的关键保障措施提出相关对策建议。以期以停车产业化为导向，作为改善停车问题的重要途径，为相关城市提供一定参考。

【关键词】停车；产业化；停车政策；停车管理

【作者简介】

王田田，女，硕士，青岛市城市规划设计研究院，交通研究中心道路交通规划设计部部长，工程师。电子信箱：qdjtwtt@163.com

马清，男，硕士，青岛市城市规划设计研究院，副院长，工

程技术应用研究员

刘淑永，男，硕士，青岛市城市规划设计研究院，交通研究中心副主任

房涛，男，硕士，青岛市城市规划设计研究院，交通研究中心轨道交通规划研究部工程师

基于 LSTM 神经网络的有效停车泊位短时预测方法研究

梅 杰

【摘要】有效泊位短时预测是停车诱导系统的关键技术之一。本文通过对现有泊位预测方法的比较分析，提出了基于 LSTM 神经网络的有效停车泊位短时预测模型。对模型的结构设计和训练方法进行了研究，并通过实例和 BP 神经网络预测方法进行比较。结果表明：LSTM 神经网络预测模型具有更高的预测精度，并且随着预测时间间隔的增加，仍能保持较高的预测精度。

【关键词】有效停车泊位；短时预测；时间序列预测；LSTM 神经网络

【作者简介】

梅杰，男，硕士，南京市城市与交通规划设计研究院股份有限公司，助理工程师。电子信箱：2497770721@qq.com

基于多源数据的配建停车泊位
共享特性分析

【摘要】为了缓解城市中心区停车供需矛盾，提高停车设施利用效率，以南京市和上海市典型医院、商场、酒店、办公、居住等五种用地类型的建筑物配建停车场运行数据为基础，利用停车场多源数据，以大数据分析为手段，基于停车泊位共享理论，对不同用地类型的工作日与非工作日停车占用时变特性、车辆停放到离特性和停车时长特性进行了分析。结果表明，不同用地类型停车需求高峰占用率在时间维度上存在差异。同时利用车辆进出动态变化规律，得到了各用地类型是否适合对外开放共享的时间段。此外，通过对停车时长特性的分析，得到了不同用地类型的长、短时停车规律及配建停车泊位共享时空窗口之间的匹配关系。为城市组合用地停车设施在不同空间条件下是否开放共享、共享时段区间的确定以及共享时长的决策提供依据。

【关键词】组合用地；配建停车；停车特性；停车共享

【作者简介】

王斌，男，硕士，上海市城市建设设计研究总院（集团）有限公司，交通规划师，工程师。电子信箱：wangbin@sucdri.com

城市高架桥下公共停车场需求与供给探讨

——以厦门市集灌路高架桥下公共停车场为例

许 越 侯海波 化海敏

【摘要】近年来，国内外已有城市开始尝试利用城市高架桥下空间建设公共停车场，以充分挖掘道路空间资源，盘活高架桥下空间，缓解城市停车难问题。城市高架桥下公共停车场的建设需统筹考虑多方面的因素对其停车需求与供给的影响。本文结合笔者工作实践，根据城市高架桥下公共停车场的特点，综合考虑其服务范围、沿线地块开发、城市停车供应策略、交通组织以及桥下空间等因素对其停车需求与供给的影响，进行分析和探讨。

【关键词】高架桥；公共停车场；停车需求；停车供给

【作者简介】

许越，男，硕士，厦门市交通研究中心，工程师。电子信箱：xuyuehowie1989@163.com

侯海波，男，本科，厦门市交通研究中心，工程师。电子信箱：344088641@qq.com

化海敏，女，硕士，厦门市交通研究中心，工程师。电子信箱：65135109@qq.com

上海停车资源共享利用示范项目实施效果评估分析

黄　臻　施文俊　张　宇

【摘要】上海中心城区居住区、医院等重点区域"停车难"矛盾日益突出，短期内设施供给增量无法满足需求增长，而共享停车能够因地制宜地利用现有停车资源，适当缓解停车供需矛盾。"十三五"期间上海要争取创建 500 个停车共享项目，落实 30000 个共享泊位。2017 年上海共完成 174 个停车资源项目，提供 6987 个共享泊位。为了进一步推广共享停车，将其中具有特色的 51 个项目作为示范项目。本文通过对全市开展的停车资源共享利用示范项目的实施情况进行评估，研究示范项目的总体特点，分析具体案例，总结提出今后工作的建议，为停车共享项目操作、推进和实施提供参考和经验借鉴。

【关键词】停车；共享停车；错时停车；管理；居住区

【作者简介】

黄臻，女，硕士，上海市城乡建设和交通发展研究院，高级工程师。电子信箱：nicothuang@126.com

施文俊，男，硕士，上海市城乡建设和交通发展研究院，办公室主任，高级工程师。电子信箱：swj126@sina.com

张宇，男，本科，上海城市综合交通规划科技咨询有限公司，部门经理，高级工程师

城市核心区停车整治探究

——以西宁市为例

陆苏刚

【摘要】随着城市建设的不断扩大，私人小汽车的快速发展带来的长距离跨通道出行矛盾突出，停车难尤其是城市核心区停车难问题愈发显著，严重影响了城市环境与交通秩序。为合理引导停车需求，不断满足人民群众美好生活需要，改善城市核心区动静态交通秩序，增强市民的获得感和满意度，需要对城市核心区开展城市停车整治。本文指出对城市核心区进行停车整治时，应当针对核心片区停车供需现状进行分析，按照停车分区调控的目标，通过各类停车设施的合理布局与规划，妥善处理好停车设施与其他交通设施的相互关系，减少停车设施对动静态交通的影响。结合核心区的近远期目标，制定项目库和年度建设计划，有计划、有步骤地落实近期方案，努力推动停车设施与机动车增长协调发展。

【关键词】停车整治；城市核心区；供需分析；停车设施；停车调控

【作者简介】

陆苏刚，男，硕士，江苏省城市规划设计研究院。电子信箱：lusugang2368@sina.com

基于控规的社会公共停车场
预测方法研究

郝晓丽　刘贵谦　杨申琳

【摘要】本文在总结现状停车需求预测模型基础上，提出基于控规和济南市综合交通模型的社会公共停车场预测模型。该模型以济南市综合模型为基础细化预测区域小区，预测各小区小汽车发生和吸引量，计算得到停车泊位初始预测量，随后引入公共服务水平折减系数和差异化控制修正系数，计算得出预测区域的社会公共停车场泊位需求量。最后，利用停车生成率模型对其进行校核。

【关键词】社会公共停车场；出行吸引模型；济钢片区；济南市综合交通模型

【作者简介】

郝晓丽，女，硕士，济南市规划设计研究院，中级工程师。电子信箱：jnhxl2014@126.com

刘贵谦，男，硕士，济南市规划设计研究院，中级工程师。电子信箱：871201112@qq.com

杨申琳，男，硕士，济南市规划设计研究院，中级工程师。电子信箱：215137684@qq.com

菏泽市公共停车问题改善对策研究

曹更立　朱先艳　牛月雷

【摘要】本文以山东省菏泽市为例，首先，采用文献研究、比较分析等研究方法，对国内外公共停车改善实践进行分析，从中得到若干启示，并运用交通需求管理理论、供给与需求理论、可持续发展理论，为改善菏泽市公共停车问题提供理论指导；其次，客观阐述了菏泽市公共停车现状，归纳总结了现状存在的问题，并细致分析了问题的成因；再次，在借鉴国内外公共停车改善经验的基础上，运用相关基础理论，提出了"加快公共停车场的规划实施，弥补历史欠账"、"挖掘土地空间资源潜力，增补停车缺口"、"挖掘建设项目配建停车位的时间资源，错时共享停车位"、"加强停车需求管理，实施经济杠杆"四项改善对策；最后，结合菏泽市实际，为保障改善对策实施，进一步缓解公共停车问题，提出了"加强立法，保障城市停车可持续发展"、"强化规划引领，停车供需平衡发展"、"加强停车秩序管理，加大违章停车处罚力度"、"优化城市交通结构，构建可持续发展城市交通体系"、"多方筹措资金，为停车场建设提供资金保障"、"出台建设项目配建停车场的相关鼓励政策"等六项政策保障措施，希望能为菏泽市公共停车问题改善提供参考。

【关键词】公共停车；启示；问题成因；改善对策；政策保障

【作者简介】

曹更立，男，硕士，菏泽市城市规划设计研究院，注册城乡规划师，工程师。电子信箱：caogengli@126.com

朱先艳，女，硕士，菏泽市市政工程设计院，工程师。电子信箱：365245926@QQ.com

牛月雷，男，本科，菏泽市城市规划设计研究院，注册城乡规划师，工程师。电子信箱：45806749@QQ.com

旅游景区停车场建设规模探讨

刘 凯

【摘要】本文叙述了旅游景区停车场建设的迫切需求，从停车供需关系的角度阐述了确定景区停车场规模的设计思路，并对景区客流量、游客出行方式、停车场用地供给、车种功能区划分等主要因素进行了分析，为旅游景区停车场建设规模的确定提供了解决办法。

【关键词】旅游景区；停车场；供需关系；建设规模

【作者简介】

刘凯，男，硕士，镇江规划设计研究院，工程师。电子信箱：389465214@qq.com

医院停车管理问题重点与难点解析

戴冀峰　　黄家淙　　周晨静

【摘要】医院停车难一直是医院管理工作中的重点与难点问题，且以此为基点引发的区域交通拥堵，更成为医院及城市停车管理工作所面临的挑战。本文针对如何破解医院停车难题，通过实地勘察法，研究建立医院停车管理评价体系，对北京 22 家市属三甲医院开展管理运行评价，并对停车具体问题开展详细分析与解决策略研究，从交通医院内外部组织、动静态引导标识系统设计、停车场利用模式、医院停车收费管理原则以及智能化应用水平等方面提出医院既有停车设施性能提升综合策略，为医院停车管理工作及问题解决提供参考。

【关键词】医院停车；停车管理；管理评价；停车组织

【作者简介】

戴冀峰，女，硕士，北京建筑大学，副教授。电子信箱：daijifeng@bucea.edu.cn

黄家淙，男，硕士，北京建筑大学。电子信箱：214900378@qq.com

周晨静，男，博士，北京建筑大学。电子信箱：13439099781@139.com

停车场在停泊位数变化规律
分析与预测研究

姚　琳　张　斌　邓方文　杨碧茹

【摘要】本文就城市停车难问题入手，分析停车场在停泊位数随时段的变化规律与预测，辅助驾驶员预判空余停车位，避免不必要的绕路。以厦门市商务办公、商业、居住3种类型的停车场为研究对象，通过一个月的停车场进出车辆数据和人工调查数据，分析停车场进出车辆的周变化特征和日变化特征，确定3个典型的停车场，基于蒙特卡洛模拟对3种类型停车场的在停泊位数进行预测，以5月1~21日的数据作为训练集，以5月22~28日的数据作为验证集，进行精度检验，结果显示模型具有较高的精度和较强的适用性。停车场在停泊位数的准确预测为提升停车场的智能化管理水平提供重要的数据支持。

【关键词】停车场；蒙特卡洛模拟；在停泊位数特征；在停泊位数预测

【作者简介】

姚琳，女，硕士，厦门市交通研究中心，助理工程师。电子信箱：395431072@qq.com

张斌，男，硕士，厦门市交通研究中心，工程师。电子信箱：110402856@qq.com

邓方文，男，硕士，厦门市交通研究中心，工程师。电子信箱：497221672@qq.com

杨碧茹，女，学士，厦门市交通研究中心，助理工程师。电子信箱：1209878589@qq.com

08 交通枢纽

微枢纽，微更新

——上海交通微枢纽的选址与设计理念

刘志伟

【摘要】"微枢纽"模式是客运交通枢纽的补充，可以缓解城市用地特别是交通设施用地的紧张局面。微枢纽的出现从服务乘客和设施接驳方面真正实现"无缝衔接换乘，多网融合锚固"，通过提高区域公共交通运行效率，来提升公共交通吸引力，最终实现公交优先发展策略。本文通过对上海现有微枢纽布局和使用情况的调研，结合新技术的应用，提出后续微枢纽的选址和设计理念。

【关键词】微枢纽；选址；设计

【作者简介】

刘志伟，男，硕士，上海城市交通设计院有限公司，工程师。电子信箱：15216655751@qq.com

我国高铁车站的可达性研究

王　祥

【摘要】本文通过选取部分城市高铁车站作为案例，对这些城市高铁车站至传统城市市中心的直线距离与城区（老城区、建成区和规划主城区）半径之间的比值进行运算，并对高铁车站至城市市中心的公共交通通达时耗进行统计分析，从城市地理空间和交通出行时间两方面，运用定量方法研究分析了我国大城市高铁车站的可达性情况，从线路选线、城市规划、设站原则和车站命名等方面研究分析造成我国高铁车站可达性差的主要原因，最后从既有站改建利用、构建高铁多站体系、规范高铁线路车站设站和命名原则等方面，提出了提升我国大城市高铁车站可达性的相关建议。

【关键词】高铁车站；空间可达性；时间可达性；既有站利用；多站体系

【作者简介】
　　王祥，男，硕士，上海市城乡建设和交通发展研究院，上海城市综合交通规划研究所，交通规划研究室主任，高级工程师。电子信箱：metro9122@163.com

基于 DEA 的机场枢纽陆侧交通
系统评价研究

宋博文　孙志杰　方豪星

【摘要】通过对机场枢纽陆侧交通系统进行模型适用性特征分析，构建基于 DEA 的机场枢纽陆侧交通评价体系，计算技术效率值，进行不同方案间的比较。通过对各方案在有效前沿面上的投影分析，可针对性地解决陆侧交通规划设计方案中设施布局、交通组织、换乘效率、乘客体验等方面存在的问题。通过实例验证，应用 DEA 模型的陆侧交通系统评价体系对指导规划设计，具有较强的可行性。

【关键词】机场枢纽；陆侧交通；DEA 模型；评价体系

【作者简介】

宋博文，男，硕士，中国建筑西南设计研究院山东分院，设计师，中级工程师。电子信箱：xnyszs@163.com

孙志杰，男，硕士，中国建筑西南设计研究院山东分院，设计师，中级工程师。电子信箱：xnyszs@163.com

方豪星，女，硕士，中国建筑西南设计研究院山东分院，设计师，中级工程师。电子信箱：xnyszs@163.com

"多网融合"背景下站城一体
枢纽规划研究

冯　伟　何丹恒　王　峰　鲁亚晨　李家斌

【摘要】大都市区的逐渐形成和发展是我国城市化进程中的一个重要特征，新的城市空间形式下，轨道交通作为最基本的功能要素之一，对于满足不同空间尺度的出行需求起到至关重要的作用。从国家层面的高铁，到都市区层面的城际轨道，再到城市层面的轨道快线、干线、中运量系统等，都面临着互相竞争和融合的发展趋势，而锚定整个多层次网络的枢纽则显得尤为重要。本文以杭州都市区轨道网为基础，研究多层次轨道网络间的相互融合，并针对不同功能的枢纽进行分类，形成枢纽门户型、城市辐射型和片区集散型三级枢纽分类。同时文章探索了多网融合背景下 TOD 设计在高铁综合体中的应用，并以杭州西站投标方案为例，研究新一代站城一体（高铁 TOD）枢纽规划方法。

【关键词】都市区轨道；多网融合；枢纽分类；站城一体；高铁综合体

【作者简介】

冯伟，男，硕士，杭州市城市规划设计研究院，工程师。电子信箱：693930551@qq.com

何丹恒，男，硕士，杭州市城市规划设计研究院，工程师。电子信箱：411919954@qq.com

王峰，男，硕士，杭州市城市规划设计研究院，副总工程

师，高级工程师。电子信箱：180902166@qq.com

鲁亚晨，男，硕士，杭州市城市规划设计研究院，高级工程师。电子信箱：719991715@qq.com

李家斌，男，硕士，杭州市城市规划设计研究院，工程师。电子信箱：hz_jbli@163.com

国内外综合交通枢纽规划设计研究启示

陈光荣

【摘要】综合交通枢纽作为多种交通方式的转换节点，有效地提高了交通换乘的效率，因此在我国的应用也越来越多，但我国综合交通枢纽的规划建设还存在不足之处。本文首先分析了我国综合交通枢纽规划建设存在的问题，其次从枢纽选址及功能定位、枢纽布局规划、对外集疏运规划、交通组织及换乘、综合开发等几个方面分析了国内外比较典型的综合交通枢纽案例，最后进行相关经验的归纳总结，为我国综合交通枢纽规划、设计提供启示。

【关键词】综合交通枢纽；存在的问题；归纳总结；启示

【作者简介】

陈光荣，男，硕士，深圳市都市交通规划设计研究院有限公司，高级交通规划师，工程师。电子信箱：417655604@qq.com

新时期北京铁路客运枢纽规划发展策略研究

兰亚京　茹祥辉　郑　猛

【摘要】作为带动北京城市发展和提升经济社会效益的有力载体，北京铁路客运枢纽与北京城市的发展息息相关。现阶段，北京铁路客运枢纽暴露出功能布局与分工有待明确、与周边用地一体化程度有待紧密、与城市交通衔接有待高效等问题，这些问题都会影响北京铁路客运枢纽的发展建设。在国家高速铁路、区域城际铁路的快速发展，京津冀区域协同和新型城镇化战略的快速推进，北京疏解与承接新时代的快速到来的新形势下，北京铁路客运枢纽规划面临新的要求。本文通过分析目前北京铁路客运枢纽发展现状，结合未来面临的新时期与新要求，对未来北京铁路客运枢纽规划发展提出几点思考和建议。

【关键词】铁路客运枢纽；功能分工；功能布局；公共交通；城市交通

【作者简介】

兰亚京，男，硕士，北京市城市规划设计研究院，工程师。电子信箱：526875458@qq.com

茹祥辉，男，北京市城市规划设计研究院，高级工程师

郑猛，男，北京市城市规划设计研究院，交通规划所副所长，教授级高级工程师

国际枢纽机场与铁路车站空铁融合策略研究

——以浦东国际机场与铁路上海东站为例

马士江　　张安锋

【摘要】国际枢纽机场和铁路车站作为提升城市竞争力的基础性和战略性资源，如何结合铁路车站的规划建设增强枢纽机场服务覆盖范围成为研究热点。本文通过对国际枢纽机场与铁路车站衔接的案例梳理，总结了机场航站楼与铁路车站衔接的三种模式，提出了上海东站与浦东机场构建一体化枢纽的规划布局形式和策略，对航站楼个数较多、空间相对分离、没有同步建设或规划预留的枢纽机场实现空铁融合联运具有借鉴意义。

【关键词】国际枢纽机场；空铁融合联运；浦东国际机场；铁路上海东站

【作者简介】

　　马士江，男，硕士，上海市城市规划设计研究院，高级工程师，国家注册城乡规划师。电子信箱：mashijiang@163.com

　　张安锋，男，本科，上海市城市规划设计研究院，交通分院总工程师，高级工程师。电子信箱：zhanganf@supdri.com

安亭北站综合客运枢纽规划
研究与方案设计

郑明伟

【摘要】上海第一条高速铁路"沪宁城际"自 2010 年 7 月通车至今已近十年时间，沿线铁路车站交通设施集成度较低、枢纽作用不强的问题逐渐显露。在上海总规 2035"四主多辅"铁路客运枢纽布局的战略指引下，需要对枢纽的交通集散功能进行提升，特别是对于位于郊区新城的枢纽，其配套交通系统急需整合。但由于目前缺少相关规范，综合客运枢纽的规划设计缺乏统一的指导思想。本文以"多辅"之一的安亭北站枢纽为例，从功能定位、规模预测、设施布局、建筑设计、交通组织等方面系统分析总结了此类铁路客运枢纽规划设计的要点，提出了"高质量建设、一体化融合"的具体方案，有关实践经验可供相关专业人员参考。

【关键词】客运枢纽；规模预测；空间布局；交通设计

【作者简介】

郑明伟，男，硕士，同济大学建筑设计研究院（集团）有限公司，工程师。电子信箱：309055695@qq.com

轨道多线换乘枢纽的规划设计实践

——以深圳市岗厦北枢纽为例

史　卿

【摘要】地铁三线及以上换乘车站由于换乘量大、换乘客流复杂，对规划布局的要求非常高，一直被各方所重视，有些城市甚至不鼓励三线及以上地铁线路进行换乘。本文从深圳市岗厦北综合交通枢纽的规划设计实践出发，从功能定位、客流分析、规划布局、建筑设计、地下空间规划、人行仿真等方面阐述其规划设计过程，为相关类似枢纽规划设计提供参考和借鉴。

【关键词】多线换乘；岗厦北枢纽；规划设计

【作者简介】

史卿，男，硕士，深圳市城市交通规划设计研究中心有限公司，工程师。电子信箱：shq@sutpc.com

区域深度融合下广佛都市圈铁路枢纽布局优化

覃　矞　戴　智　王小龙

【摘要】广佛是目前国内同城化程度最高的区域，在粤港澳湾区发展战略和一带一路的发展机遇与挑战下，不仅要求广佛都市圈区域内部合作向更深层次的区域深度融合发展，而且要求广佛以"超级城市"的新定位提升在全球经济一体化中的核心城市地位，稳固在湾区中的腹地功能及枢纽地位。本文在总结广佛都市圈综合交通体系发展趋势的基础上，对广佛的铁路枢纽现状布局及既有规划进行了深入的剖析，结合对国内外大型都市圈经验的借鉴以及最新的粤港澳大湾区发展动态，提出了区域深度融合一体化背景下助力广佛都市圈发展的铁路发展战略及枢纽布局形态。

【关键词】广佛同城；粤港澳大湾区；铁路枢纽布局；铁路网

【作者简介】

覃矞，男，博士，深圳市城市交通规划设计研究中心有限公司，副总工程师，高级工程师。电子信箱：515013575@qq.com

戴智，男，深圳市城市交通规划设计研究中心有限公司。电子信箱：daizhi@sutpc.com

王小龙，男，深圳市城市交通规划设计研究中心有限公司。电子信箱：wangxl@sutpc.com

高铁车站综合交通枢纽需求
分析方法研究

——以洛阳龙门站为例

杨少辉　　赵洪彬

【摘要】以高铁车站为中心打造综合交通枢纽，是近年来城市规划建设的重点之一，交通需求分析是交通枢纽规划的核心和基础。首先，归纳了高铁车站综合交通枢纽功能定位应考虑的因素，包括枢纽范围、枢纽承担功能的层次性，以及确定功能定位的基本原则。其次，以枢纽功能定位为基础，将枢纽交通需求分解为接驳需求、换乘需求、诱发需求三个方面，明确了各自的内涵，分别给出了预测方法。然后，依据交通需求预测结果，提出了确定枢纽交通设施规模的原则和方法。最后，以洛阳龙门站综合交通枢纽规划为例，具体说明了枢纽交通需求分析的方法。

【关键词】综合交通枢纽；需求分析；TOD 模式；高铁车站；洛阳龙门站

【作者简介】

杨少辉，男，博士，中国城市规划设计研究院，高级工程师。电子信箱：clyysh@163.com

赵洪彬，男，硕士，中国城市规划设计研究院，工程师。电子信箱：ttbeanbean@126.com

高铁庆盛站功能提升与综合开发策略研究

傅鹏明　於　昊　刘超平　何小洲　刘　敏

【摘要】响应中央城市工作会议精神，落实国家关于铁路沿线土地综合开发的要求，本文以全面发挥庆盛枢纽地区城市功能集聚与交通服务疏解为目的，充分借鉴国内外枢纽地区城市及交通发展先进思路和经验，结合高铁庆盛站发展现状研究提出庆盛枢纽未来发展理念和发展模式，针对高铁庆盛站未来发展诉求探讨枢纽站区功能提升与综合开发策略，明确庆盛枢纽未来发展方向和思路，同时也为土地高度集约化的枢纽地区发展提供有益的经验借鉴。

【关键词】枢纽；功能提升；综合开发；策略

【作者简介】

傅鹏明，男，硕士，南京市城市与交通规划设计研究院股份有限公司，助理工程师。电子信箱：499045448@qq.com

於昊，男，硕士，南京市城市与交通规划设计研究院股份有限公司，研究员级高级城市规划师。电子信箱：916782606@qq.com

刘超平，男，硕士，南京市城市与交通规划设计研究院股份有限公司，工程师。电子信箱：277595681@qq.com

何小洲，男，博士，南京市城市与交通规划设计研究院股份有限公司，高级工程师。电子信箱：28313414 @qq.com

刘敏，女，硕士，南京市城市与交通规划设计研究院股份有限公司，助理工程师。电子信箱：457836779@qq.com

基于随机规划模型的公路
客运站选址研究

刘青云

【摘要】针对现有公路客运站选址中存在众多的不确定性因素，基于客流不确定性因素建立两阶段随机规划模型，进行客运站位置确定并针对客流不确定性合理确定客运班线决策。针对模型特点设计以枚举法和整数规划法相结合的算法步骤，并以lingo11 对模型进行求解。最后基于拉萨市公路客运站相关数据给出算例，验证了模型及算法的有效性和可行性。

【关键词】对外客运站场；不确定性；选址；随机规划

【作者简介】

刘青云，女，硕士，南京市城市与交通规划设计研究院股份有限公司，助理工程师。电子信箱：1024818465@qq.com

国内外大中型城市高铁枢纽集疏散交通模式特点

崔诚靓

【摘要】 近年来我国高速铁路建设加快，预计到 2025 年高速铁路网络将连接省会城市和其他 50 万人口以上大中型城市，未来将有更多的大中型城市接入高速铁路网络。本文梳理了国内外 10 座具有代表性的大中型城市高铁枢纽，分析其集疏散交通模式特点，总结相关经验，以指导未来国内大中型城市高铁枢纽集疏散交通系统建设。大中型城市高铁枢纽集疏散交通模式受到城市性质、用地规模、人口规模、经济发展水平、空间区位的影响，可以划分为大运量轨道交通为主的集散模式、中运量交通系统为主的集散模式、常规道路交通为主的集散模式。最后总结了国外大中型城市高铁枢纽集疏散交通发展经验。

【关键词】 大中型城市；高铁枢纽；集疏散交通模式

【作者简介】

崔诚靓，男，硕士，上海市城市建设设计研究总院（集团）有限公司，助理工程师。电子信箱：cuichengliang@sucdri.com

基于城市规划视角的高铁站场
合理规模研究

张翼军　周　福　李炳林

【摘要】最新中长期铁路网规划出台后，我国高速铁路进入新一轮快速建设期，历史经验表明，十年前编制的城市规划已落后于高速铁路发展速度。特大城市和枢纽城市规划 1 座高铁枢纽已不适应快速城镇化、城市群发展要求，均在谋划城市的第二、第三高铁枢纽。为了应对快速变化的高铁发展，有必要重视规划阶段高铁枢纽规模研究，高铁枢纽规模既要满足当下交通发展需求，实现集约发展，又要考虑高铁长远发展需要，高标准预留站场规模。本文从我国高铁发展特点与趋势入手，分析铁路发展趋势、铁路部门改革、铁路部门与地方政府规划期限差异对铁路车站规模的影响，以高铁长沙西站为例，采用定性与定量的方法，测算高铁长沙西站的站场规模，供同类城市参考。

【关键词】高铁枢纽；站场规模；长沙西站

【作者简介】

张翼军，男，硕士，长沙市规划勘测设计研究院交通规划研究中心，工程师。电子信箱：376989450@qq.com

周福，男，本科，湖南湘江新区国土规划局，工程师。电子信箱：504316219@qq.com

李炳林，男，硕士，长沙市市规划勘测设计研究院，交通规划研究中心规划所所长，高级工程师。电子信箱：86791011@qq.com

基于圈层特征的高铁枢纽交通集疏运体系研究

张翼军　周　福　李晓庆

【摘要】圈层理论在高铁枢纽规划设计中应用较为广泛，但目前在交通集疏运体系规划层面未形成一套完整的方法体系。大型高铁枢纽影响范围广，影响差异大，枢纽本身功能复杂，以枢纽为核心不同半径范围的交通集疏运体系在功能、设施布局、规模上也存在较大差异。本文从高铁枢纽圈层理论切入，提出了圈层结构交通特征与主要问题，基于圈层结构提出了高铁枢纽交通集疏运体系外围、中间和核心 3 个圈层的交通集疏运发展策略。以高铁长沙西站为例，构建了适合该站的综合交通集疏运系统，能有效指导下阶段控规修编与工程方案设计，并可供全国类似城市参考。

【关键词】圈层结构；高铁枢纽；交通集疏运体系；长沙西站

【作者简介】

张翼军，男，硕士，长沙市规划勘测设计研究院交通规划研究中心，工程师。电子信箱：376989450@qq.com

周福，男，本科，湖南湘江新区国土规划局，工程师。电子信箱：504316219@qq.com

李晓庆，女，硕士，长沙市市规划勘测设计研究院，工程师。电子信箱：1156273942@qq.com

基于铁路枢纽客运站规划提升的集散体系研究

——以温州北站客运枢纽为例

夏淼磊　谢　军　韩　光

【摘要】铁路客运枢纽作为城市发展的重大基础设施，是城市客运对外的重要门户。对于一个综合性客运枢纽站而言，良好的外部交通环境是保障车站交通效率的重要因素。温州北站位于永嘉黄田，与温州市区之间有瓯江分隔，现状交通联系较弱。2021 年杭州高路建成后，该站作为温州地区的始发站，客流规划将显著增长。本文从如何加强北站与温州市区间交通联系入手，分别针对开通初期和近期的车站对外交通集疏运系统建设方面提出建议的建设方案和时序，为杭温高铁开通后枢纽的高效运行提供保障。

【关键词】温州北站；客运枢纽；杭温高铁

【作者简介】

　　夏淼磊，男，硕士，温州市城市规划设计研究院，工程师。电子信箱：240654931@qq.com

　　谢军，男，本科，温州市城市规划设计研究院，交通所所长，高级工程师。电子信箱：524530537@qq.com

　　韩光，男，硕士，温州市城市规划设计研究院，模型室主任，工程师。电子信箱：20649229@qq.com

机场综合交通枢纽全周期仿真平台搭建

陈瑞熙　陈竹青　乔　文

【摘要】近年来，我国机场的发展呈现枢纽化、综合化的趋势，机场逐渐演变为集合多种交通方式的综合交通枢纽。机场地面交通中心（GTC）作为集合多种交通方式的综合枢纽换乘核心具有流线复杂、客流量变化大等特征。然而，在规划与运营阶段，尚缺乏有效的分析方法对设计方案进行量化评估。本项目依托 VISWALK 行人仿真模拟软件对成都天府国际机场 GTC 内部的设施布局、设施规模和客流组织方案进行多情景的评估和分析，结合航站楼与陆侧仿真模拟，将机场综合交通枢纽仿真模拟打造为全方位、全周期设计方案优化平台。在设计阶段提前发现设计问题，不断优化设计方案；在建设阶段评估调整方案，选取最优方案；在运营阶段将转换为在线仿真平台，实现客流状态推演与预警。在建设运营的各个阶段形成"设计—评估—优化"、"监测—推演—预警"的工作闭环，将机场综合枢纽仿真模拟不仅作为一个仿真"项目"或者"模型"，而是搭建一个可持续、全周期的仿真平台。

【关键词】行人仿真；综合交通枢纽设计；全周期仿真平台

【作者简介】

陈瑞熙，男，硕士，深圳市城市交通规划设计研究中心有限公司（广东省交通信息工程技术研究中心），工程师。电子信

箱：rxichen@163.com

陈竹青，女，硕士，深圳市城市交通规划设计研究中心有限公司（广东省交通信息工程技术研究中心），工程师。电子信箱：chenzq@sutpc.com

乔文，男，硕士，深圳市城市交通规划设计研究中心有限公司（广东省交通信息工程技术研究中心），工程师。电子信箱：1326614180@qq.com

基于大数据的综合交通枢纽客流
监测系统设计

魏玉聪　朱　熹　崔晓天

【摘要】传统的综合交通枢纽客流监测多采用红外监测、压力监测、视频监测等方式，施工难，成本高，覆盖率低，不能形成全过程、大范围的客流监测系统。大数据技术的发展为综合交通枢纽客流监测提供新的手段，本文提出基于大数据技术的综合交通客流监测系统，采集多元交通数据，搭建综合交通数据中心，研究大数据在枢纽客流监测、预警、应急协同中的应用。通过研究 LampSite 室内定位技术，采集枢纽内部客流数量及分布信息，实现对实时客流的监测。通过枢纽内部及周边大铁、地铁、出租、公交、道路交通等综合交通数据的归集，分析未来旅客到达情况和枢纽交通运输能力。融合实时客流数据，对未来可能发生的大规模旅客滞留、周边道路交通拥堵等情况进行预警，协同地铁、公交、出租等企业工作，合理调度区域公共交通资源，有效提高综合交通枢纽大规模客流应急疏散能力。

【关键词】大数据技术；交通枢纽；客流监测；应急协同

【作者简介】

魏玉聪，男，硕士，深圳市城市交通规划设计研究中心有限公司（广东省交通信息工程技术研究中心），工程师。电子信箱：yucongday@163.com

朱熹，男，硕士，深圳市城市交通规划设计研究中心有限公

司（广东省交通信息工程技术研究中心），工程师。电子信箱：18710982059@163.com

崔晓天，男，博士，深圳市城市交通规划设计研究中心有限公司（广东省交通信息工程技术研究中心），四川分院副院长，高级工程师。电子信箱：cuixt@sutpc.com

铁路行包运输方案编制方法研究

王鹏翔

【摘要】行包运输一直以来都被视为客运服务的附属产品，方案编制缺乏系统性优化，无法满足小件货物对时效性的要求。本文在分析行包运输特点的基础上，将行包运输方案编制拆分为径路搜索和流量分配两个过程，设计了基于 A*算法的行包可行径路搜索算法，建立了以运输利润最大为目标的运量分配模型，最后以 2017 年行包运输数据对模型和算法的有效性和可行性进行了验证。

【关键词】行包运输；方案编制；动态服务网络；径路搜索；A*算法

【作者简介】

王鹏翔，男，硕士，南京市城市与交通规划设计研究院股份有限公司，交通规划设计师。电子信箱：760074957@qq.com

轨道交通场站综合体交通一体化规划设计

谢志明　陈海伟　刘尔辉　曹智滔

【摘要】为推进广州市枢纽型网络城市建设，促进轨道交通与城市协同发展，本文对轨道交通场站综合体的构成进行分析，提出零换乘一体化的交通规划设计方法，以轨道交通场站为核心构建高效便捷的立体交通体系。以地铁番禺广场站综合体为例，推演交通零换乘一体化规划设计过程，打造站城协同的轨道交通场站综合体，实现轨道交通场站与相关设施布局协调、各类交通设施无缝衔接、地上地下空间充分利用、交通功能与城市服务功能有机融合，提升交通换乘效率，促进土地高效集约利用。

【关键词】轨道交通；场站综合体；零换乘；交通一体化；规划设计

【作者简介】

谢志明，男，硕士，广州市交通规划研究院，轨道交通室副主任，高级工程师。电子信箱：25581646@qq.com

陈海伟，男，硕士，广州市交通规划研究院，工程师。电子信箱：302705147@qq.com

刘尔辉，男，硕士，广州市交通规划研究院，助理工程师。电子信箱：2220911126@qq.com

曹智滔，男，本科，广州市交通规划研究院。电子信箱：271088045@qq.com

广州白云机场空铁联运发展
策略研究

杜刚诚　　蒋咏寒

【摘要】本文分析了白云机场空铁竞合关系，认为高铁不会对航空客流产生重大影响。在分析白云机场空铁联运现状的基础上，借鉴巴黎戴高乐机场、伦敦希斯罗机场、上海虹桥机场、北京新机场等国内外航空枢纽空铁联运的发展及规划情况，结合广州市具体情况提出了白云机场空铁联运的发展策略。

【关键词】机场；高铁；空铁联运

【作者简介】

杜刚诚，男，硕士，广州市交通规划研究院，副所长，高级工程师。电子信箱：405592366@qq.com

蒋咏寒，男，硕士，广州市交通规划研究院，助理工程师。电子信箱：335154578@qq.com

轨道与公交换乘站场类别划分模型

钟异莹　陈坚　邵毅明

【摘要】为解决轨道交通与常规公交换乘站场缺少定量分类方法的问题，从轨道车站特性、接驳公交站特性、换乘特性3个维度选取可量化指标，构建换乘系统评价体系。基于主成分分析方法，提取换乘系统评价指标得轨道服务水平、公交服务水平、换乘服务水平、车站规模特征共 4 个公共因子，运用 K-means 聚类法对换乘站场各因子得分进行等级划分。以重庆市主城区 115 个轨道交通车站为研究对象，将距其最近公交换乘站场聚类分为 6 个等级，得到 I ～ VI级换乘站场分别占 4%、3%、5%、12%、11%、63%。

【关键词】公共交通；换乘站场；类别划分；因子分析；聚类分析

【作者简介】

钟异莹，女，博士，重庆交通大学。电子信箱：364611709@qq.com

陈坚，男，博士后，重庆交通大学，交通运输系主任，教授，博士生导师。电子信箱：21070969@qq.com

邵毅明，男，博士，重庆交通大学，教授，博士生导师。电子信箱：529605594@qq.com

基金项目：重庆市研究生科研创新项目（CYB17128）

基于站城融合的温州东部枢纽
交通体系研究

卢应东　谢　军

【摘要】随着越来越多的客运枢纽布局在城市中心区，站城融合发展理念成为枢纽发展的新趋势。与此同时，在上海虹桥枢纽成功案例的指导下，高铁站与机场一体化布局的现象明显增加。在这两大发展背景下，温州规划将高铁铁路引入既有机场区域，构建温州东部枢纽，提升区域交通能级。本文基于站城融合的理念，开展了枢纽交通体系研究。结合枢纽特征，研究其交通体系构成和设施布局，为站城融合的空铁综合枢纽交通组织提供参考。

【关键词】站城融合；交通枢纽；交通体系；空铁一体

【作者简介】

卢应东，男，本科，温州市城市规划设计研究院，交通规划研究室副主任，工程师。电子信箱：283901083@qq.com

谢军，男，本科，温州市城市规划设计研究院，城市交通研究所所长助理，高级工程师。电子信箱：524530537@qq.com

09 交通设计与优化

街道活化设计初探

——以珠海市凤凰路街道改造为例

江剑英

【摘要】街道活化设计的初衷就是打破城市道路规划设计建设的"工程本位"主义，将城市建筑、城市景观、街道功能等融入道路规划设计建设中，使道路与城市建筑融合，街道功能得到体现，城市更富有活力。本文从街道活化设计的研究对策出发，以珠海市凤凰路街道改造为例，具体阐述了街道活化设计的具体操作方法。

【关键词】街道活化；道路改造；街道活力；建筑退让；港湾式停车带

【作者简介】

江剑英，男，本科，珠海市规划设计研究院，工程师。电子信箱：50179162@qq.com

城市道路横断面规划设计探讨

——以昆明为例

苏镜荣　程德勇　唐　翀

【摘要】横断面是道路规划设计的重要内容，其规划设计的好坏将直接影响到交通功能、景观环境、公共空间、市政公共设施配置和城市防灾等综合功能的发挥。本文以昆明为例，剖析当前道路横断面规划设计普遍存在的六大问题，即规范、标准和要求不统一，道路红线确定较为随意，对步行、自行车交通关注不足，漠视路边停车，忽视近远结合，缺乏道路与周边环境统筹。同时，分析了路网交通组织模式、道路功能、沿线用地性质、区位、地下市政管线设施布设这5个主要因素对道路横断面规划设计的影响，分析了各级道路合理的道路红线宽度值，并针对当前存在的问题提出相应的意见和建议。

【关键词】城市道路；横断面；规划；设计

【作者简介】

苏镜荣，男，本科，昆明市城市交通研究所，副所长，注册规划师，高级工程师。电子信箱：396667397@qq.com

程德勇，男，昆明市城市交通研究所，注册规划师，高级工程师

唐翀，男，昆明市城市交通研究所，所长，正高级工程师

小城镇总体交通设计理论框架及关键特征初探

——以苏州市吴江区平望镇新镇中心片区为例

孙　刚　陈友国

【摘要】目前，我国小城镇交通问题日益凸显，但交通设计却未得到充分重视。本文从小城镇交通发展关键特征分析着手，评价已有交通设计体系的适应性，提出小城镇层面总体交通设计的理论框架，包括宏观层面交通发展目标与模式、中观层面城镇综合交通体系构建和子系统规划，微观层面交通详细设计主要内容和要求。选取苏州市吴江区平望镇新镇区为设计案例，明确小城镇总体交通设计在实际操作层面的工作内容和设计成果要求，以此期望形成能够囊括规划、设计、施工的自上而下的总体交通设计体系，为国内小城镇交通设计提供工作思路和经验借鉴。

【关键词】交通设计；小城镇；新建区；理论框架；绿色交通

【作者简介】

孙刚，男，硕士，江苏省城市规划设计研究院，助理工程师。电子信箱：tongjisg1989@126.com

陈友国，男，本科，苏州市吴江区平望项目建设管理有限公司，工程师。电子信箱：196862227@qq.com

"站城一体"理念下的交通设计优化研究

——以西安劳动南地铁站为例

何佳利　刘皓翔

【摘要】随着城市进入轨道快速发展时代，人们的出行方式和出行理念发生了重大的变化，在"站城一体"理念下打造换乘枢纽，规划紧凑、高效的城市节点，将给节点周边的交通设计带来新的挑战。为实现"站城一体"目标，需围绕轨道站点枢纽，转变"以车为本、松散开发、汽车优先"的交通设计理念，改善交通设计，通过精细化设计等一系列措施营造宜人、安全的交通环境。本文以西安劳动南地铁站为例，针对周边现状交通问题，改善道路交通设计与优化交通组织，通过人本交通、公交优先等交通设计推动站城一体化。

【关键词】交通设计；以人为本；精细化

【作者简介】

何佳利，女，硕士，深圳市城市交通规划设计研究中心，助理交通规划师。电子信箱：hejial@sutpc.com

刘皓翔，男，本科，深圳市城市交通规划设计研究中心，主创建筑师。电子信箱：liuhaox@sutpc.com

城市智慧道路的设计与实践

叶　卿　金　照　邵　源　谢武晓

【摘要】智慧道路是人工智能、物联网等技术发展潮流下城市基础设施建设的必然选择，是集交通管理和信息服务于一体的高端智慧交通整体解决方案。本文结合我国智慧城市与智慧交通的发展趋势和要求，以集约化、协同化的理念整合道路设施，提出了将道路本身及其附属设施通过传感器变成信息采集与发布终端，利用物联网技术与道路上的运动目标进行联通，结合大数据、人工智能等技术建立一个集监测、通信、管控、服务等功能于一体的综合集成系统，并以苏州高新区狮山路智慧交通系统的实践应用打造智慧道路应用典范。

【关键词】智慧交通；智慧道路；物联网；基础设施

【作者简介】

叶卿，男，硕士，深圳市城市交通规划设计研究中心有限公司，智能交通解决方案架构师，工程师。电子信箱：yeqing@sutpc.com

金照，男，硕士，深圳市城市交通规划设计研究中心有限公司，智能交通解决方案中心副主任，高级工程师。电子信箱：jinzhao@sutpc.com

邵源，男，硕士，深圳市城市交通规划设计研究中心有限公司，城市交通研究院院长，高级工程师。电子信箱：sy@sutpc.com

谢武晓，男，本科，深圳市城市交通规划设计研究中心有限公司，智能交通解决方案架构师，工程师。电子信箱：
xiewx@sutpc.com

城市中心区天桥提升研究

——以深圳中航天桥为例

夏迎莹　　林润华

【摘要】本文基于"工"字形天桥无法满足日益复杂的功能及城市美好形象的需求。首先研究了城市天桥的属性特征，包括功能位置及尺度特征，其次研究了目前国内外城市天桥的发展趋势，最后基于特征及趋势，以深圳中航天桥为例，提出城市天桥设计的三要点：服务能力的提升、以人为本的设施布局和简约精致的城市绿岛形象。

【关键词】城市中心区天桥；天桥；空中连廊；天桥提升

【作者简介】

夏迎莹，女，本科，深圳市城市交通规划设计研究中心有限公司（深圳市交通信息与交通工程重点实验室），城市规划建筑院主创建筑师，助理工程师。电子信箱：230913766@qq.com

林润华，男，本科，深圳市城市交通规划设计研究中心有限公司（深圳市交通信息与交通工程重点实验室），城市规划建筑院助理建筑师，助理工程师。电子信箱：328803318qq.com

城市中轴主干道断面规划

——以坪山大道为例

陈修远

【摘要】城市中轴主干道往往是一个城市交通走廊和公共空间高度复合的通道，是连接城市主要功能区、主要产业区、标志性景观建筑的城市主干路。在追求品质街区、以人为本的今天，城市中轴主干道的规划愈发重要。本文首先总结了城市中轴主干道的主要功能，提出城市中轴主干道常见的问题。然后，以坪山大道为例，分析了坪山大道断面规划时面临的辅道设计、慢行空间等问题，并给出了规划结论。最后提出了城市中轴主干道断面规划面临问题的解决思路与方法。

【关键词】城市中轴主干道；断面规划；辅道设计；慢行空间

【作者简介】

陈修远，男，硕士，深圳市城市交通规划设计研究中心有限公司（深圳市交通信息与交通工程重点实验室）。电子信箱：1157901068@qq.com

基于 PSPL 观测与情绪感知的街道活动需求特征分析

朱启政　江　捷　邵　源

【摘要】旨在探讨活动观测和情绪量化能在街道规划设计中发挥的作用，并提出一套街道活动需求挖掘及特征分析的理论方法。研究基于 PSPL 观测调研以描绘街道中不同类型人群的活动时空分布特征，并构建主观感知情绪量化评价指标体系。通过相关性分析、方差检验等数理统计方法，发现街道设施、环境空间品质、活动需求与出行者主观感知情绪间存在显著的相关关系。最后，基于街道出行者的活动需求特征，从街道设施配置和环境品质改善两方面提出街道规划设计对策建议。研究为街道规划设计走向更为定量化、更为有效的空间组织提供了基础，对于推动城市街道设计从经验集成走向科学分析具有相当重要的意义。

【关键词】街道规划设计；活动观测；情绪量化；需求特征分析

【作者简介】

朱启政，男，硕士，深圳市城市交通规划设计研究中心有限公司，助理工程师。电子信箱：carterdrew@163.com

江捷，男，硕士，深圳市城市交通规划设计研究中心有限公司，高级工程师，交通规划一院副院长

邵源，男，硕士，深圳市城市交通规划设计研究中心有限公司，高级工程师，城市交通研究院院长

基于使用者视角的交通精细化设计方法探讨

段进宇　张　旭

【摘要】交通设计正由粗放式向精细化转变。但是目前精细化的交通设计在日益复杂的交通环境下，需要进一步优化。传统的交通设计大多站在"上帝视角"进行平面图设计，所以存在交通设计与使用者体验"割裂脱节"的现象。本文提出以使用者视角为核心的交通精细化设计理念，通过对使用者视角的模拟分析，将方案设计与使用者体验实时连接。以北京市通州区某畸形交叉口改善项目为例，通过参数化设计 Rhino 下的 Grasshopper 技术手段，将平面图实时自动转换为三维模型，把传统的静态平面设计提升为动态三维设计，同时采用驾驶模拟将交通流线逐步检查，不断优化方案设计，通过精细化的标线和指引系统，解决了原有畸形交叉口存在的驾驶人视觉误区以及通行效率低等问题。

【关键词】交通精细化；参数化；可视化；畸形交叉口

【作者简介】

段进宇，男，博士，深圳市城市交通规划设计研究中心有限公司（广东省交通信息工程技术研究中心），北京分院院长，高级工程师，注册城乡规划师

张旭，男，硕士，深圳市城市交通规划设计研究中心有限公司（广东省交通信息工程技术研究中心）。电子信箱：450127454@qq.com

街道综合改善与创新交通组织实践

庄秋实　　陈一铭

【摘要】对能够切实改善出行困境的可持续性手段进行了研究。总结了目前城市出行面临的问题和在优化工作中的困境，分析其成因并探索在空间受限条件下的解决策略。以通州区核心城区为案例，识别区域出行问题与类型，并探究其相互关系，最终提供可实施的改善方案并进行评估。利用智慧运维监管手段，实现全天候自动诊断并反应交通运行状态；采用新型交通组织，在较少土建改造的条件下提高交叉口运行效率。主要结论是多种因素作用而形成的建成区交通问题有一定共性，从业者可以采用本研究中的分析体系制定适合于当地情况的改善方案。

【关键词】城市交通；建成区街道；改善提升；智慧运维

【作者简介】

庄秋实，男，硕士，深圳市城市交通规划设计研究中心有限公司（广东省交通信息工程技术研究中心），交通规划师。电子信箱：476071909@qq.com

陈一铭，女，硕士，深圳市城市交通规划设计研究中心有限公司（广东省交通信息工程技术研究中心）。电子信箱：yiming.chen89@foxmail.com

人行仿真技术在深圳轨道车站
精细化设计中的应用实践

张　宁　李鹏凯　陈文俊

【摘要】大型轨道交通车站具有周边开发密集、内部人流密集和设施设备密集三个特点，传统的设计方法难以适应其动态、持续、不均衡的大客流组织特点，导致后续运营管理阶段问题频发。本文系统分析了大型、复杂轨道交通车站出现运营问题的原因，提出基于人行仿真的车站精细化设计方法，并根据仿真及实际运营调查结果对现行规范中关键设施能力取值进行了修正，最后列举了相关案例。

【关键词】城市轨道交通；人行仿真；轨道车站精细化设计

【作者简介】

张宁，男，硕士，深圳市城市交通规划设计研究中心有限公司（深圳市交通信息与交通工程重点实验室），主任工程师，工程师。电子信箱：253854587@qq.com

李鹏凯，男，硕士，深圳市城市交通规划设计研究中心有限公司（深圳市交通信息与交通工程重点实验室），员工，工程师。电子信箱：857950231@qq.com

陈文俊，男，硕士，深圳市城市交通规划设计研究中心有限公司（深圳市交通信息与交通工程重点实验室），员工，助理工程师。电子信箱：99066070@qq.com

谈面向交通安全的街道精细化综合设计

孙烨垚　　于丰泉　　黄朝阳

【摘要】首先分析现阶段街道交通安全特征和面临的主要问题与挑战。结合国际案例和经验，总结目前街道安全设计的主要理念、方法和措施。提出面向交通安全理念下的交通综合设计方法和准则。以深圳为例，分析和研究试点片区道路交通特点，并对研究片区内街道进行综合设计，最后总结该设计方法在未来的主要应用前景。

【关键词】慢行；稳静化；共享空间；智能；综合设计

【作者简介】

孙烨垚，男，硕士，深圳市城市交通规划设计研究中心有限公司（广东省交通信息工程技术研究中心），主任工程师，工程师。电子信箱：252918296@qq.com

于丰泉，男，硕士，深圳市城市交通规划设计研究中心有限公司（广东省交通信息工程技术研究中心）。电子信箱：1003002915@qq.com

黄朝阳，男，大专，深圳市城市交通规划设计研究中心有限公司（广东省交通信息工程技术研究中心），助理工程师。电子信箱：913102001@qq.com

完整街道的绿化空间设计探讨

——以深圳市侨香路景观改造为例

陈　岚

【摘要】绿化空间作为街道景观的重要组成部分，它不仅直接影响驾驶员的视线视距、心理活动、审美感受，对道路安全有积极作用；同时，与道路红线外公共空间有机结合，满足周边商业、生活、办公等活动人群的需求，可以有效得促进城市发展，增加街道活力。本文从城市、生态、安全、管理四大角度，对道路红线内整体景观、平交口转角绿地、中央隔离带绿地、中央隔离带岛头、主辅道出入口处以及道路红线外路侧绿带等内容，进行探讨完整街道绿化空间的设计原则，力求街道绿化空间设计达到空间与功能、形态与环境之间的有机融合。

【关键词】绿化空间；完整街道景观；安全；生态；密度管理

【作者简介】

陈岚，女，深圳市城市交通规划设计研究中心（深圳市交通信息与交通工程重点实验室）。电子信箱：568643734@qq.com

城市交通微易更新改善方法研究

刘　鹏　於　昊　何小洲　闫蔚东

【摘要】目前，随着城市化机动化快速发展，城市交通拥堵日益严峻，为缓解城市交通拥堵，各项综合交通治理措施相继实施。本次研究提出了微易更新交通改善理念，并对现状实施的各项交通治理措施进行总结优化，提出完善的城市交通微易更新改善方法，提升城市综合交通治理水平。

【关键词】交通拥堵；交通改善；微易更新

【作者简介】

刘鹏，男，硕士，南京市城市与交通规划设计研究院股份有限公司，工程师。电子信箱：909612091@qq.com

於昊，男，博士，南京市城市与交通规划设计研究院股份有限公司，副总经理，研究员级高级城市规划师。电子信箱：916782606@qq.com

何小洲，男，博士，南京市城市与交通规划设计研究院股份有限公司，综合交通规划四所所长，高级城市规划师。电子信箱：28313414@qq.com

闫蔚东，男，硕士，南京市城市与交通规划设计研究院股份有限公司，助理工程师。电子信箱：408766027@qq.com

城市群干线机场交通出行品质提升策略

——以杭州萧山国际机场为例

章　怡　龚迪嘉　胡秀琴

【摘要】城市群已成为国家参与全球竞争与国际分工的新单元，干线机场作为城市群对外联系的重要窗口，其与机场所在城市及周边区域交通衔接的便捷性以及航站楼内部设施的服务品质，在很大程度上决定了该机场的辐射范围和竞争力。本文以杭州萧山国际机场为例，分析了其在长三角区域发展中面临的机遇与挑战，借鉴法兰克福机场、仁川机场、慕尼黑机场和樟宜机场等国际著名机场发展的成功经验，结合杭州市城市发展现状与规划，从快速轨道交通集疏运系统和航站楼设施服务品质两个方面，提出杭州萧山国际机场在未来不同阶段宜采用的交通出行品质提升策略。

【关键词】对外交通枢纽；城市群；干线机场；快速轨道集疏运系统；航站楼服务；萧山机场

【作者简介】

章怡，女，本科，浙江师范大学城乡规划系。电子信箱：dogdoy@126.com

龚迪嘉，男，硕士，浙江师范大学城乡规划系，讲师。电子信箱：frankgong3393@126.com

胡秀琴，女，本科，浙江师范大学城乡规划系。电子信箱：939881953@qq.com

湘湖景区假日交通组织对策研究

姚颖然　刘丰军　李良军

【摘要】大型旅游景区作为区域内主要交通集聚点，其交通问题日益引起社会关切。本文以湘湖景区为例，基于景区当前假日交通现状，针对性地提出符合实际的交通组织方案。以"分离"、"管控"、"序化"、"疏通"为总体指导思想，以解决景区节假日交通拥堵问题为切入点，通过采取多种交通组织方式（禁行、诱导、渠化等），对交通流量进行调控。同时，从公共交通、静态交通等多方面提出相应改善措施，为缓解交通拥堵、提升景区旅游环境打好坚实的基础。湘湖景区的交通组织对策研究过程对其他景区交通组织具有较强借鉴意义。

【关键词】景区；交通流量；交通组织

【作者简介】

姚颖然，女，本科，浙江大学建筑设计研究院有限公司，设计师，助理工程师。电子信箱：936650118@qq.com

刘丰军，男，硕士，浙江大学建筑设计研究院有限公司，副院长，高级工程师

李良军，男，杭州市公路管理局

基于城市更新的交通系统优化提升

刘刚玉　文　颖

【摘要】城市交通与城市用地有着密不可分的联系，在城市更新改造过程中，解决交通问题和完善交通体系是城市更新设计的重要内容。由于城市发展较快及各层次规划编制存在时差，控规层次的交通规划与上层规划难免存在冲突或不足，控规层面的城市设计如何在控规的基础上构建和完善绿色、和谐、可持续的交通系统，对引导城市健康发展意义重大。本文以长沙地区城市设计为实例，在分析现状交通的基础上，利用四阶段交通需求预测方法，建立控规交通系统评估体系，结合棚户区改造和城市更新计划，提出片区交通系统的优化提升建议。

【关键词】城市更新设计；交通预测；交通系统评估；优化提升

【作者简介】

刘刚玉，男，硕士，长沙市规划勘测设计研究院、长沙市交通规划研究中心，工程师。电子信箱：gangyuliu@shou.com

文颖，男，硕士研究生，长沙市规划勘测设计研究院、长沙市交通规划研究中心，工程师。电子信箱：183617183@qq.com

天津市中心城区路网及街区
尺度特征分析

张凤霖　张庆瑜　安　斌

【摘要】梳理国内外城市及天津城市演变与街区发展历史，以天津市中心城区控制性详细规划路网统计数据为基础，总结天津市中心城区路网整体架构及街区尺度特征。以主导用地属性为判断标准，将天津中心城区街区划分为居住街区、商业（商务）街区、工业街区三类，选取中心城区内部 13 片典型地区作为研究对象，分析了不同区域、不同类型地区的街区尺度特征，可为新区建设及城市更新中适宜街区尺度研究提供一定参考。

【关键词】街区尺度；街区发展；路网密度；出行特征

【作者简介】

张凤霖，男，硕士，天津市城市规划设计研究院，工程师。电子信箱：393961212@qq.com

张庆瑜，女，硕士，天津市城市规划设计研究院，助理工程师

安斌，男，硕士，天津市城市规划设计研究院，助理工程师

特大型城市道路工程建设 BIM 技术研究与应用

刘艳滨

【摘要】结合超大城市中心城区特长快速通道建设发展现状和难点，研究了 BIM 技术标准体系及 BIM+多元信息技术融合关键技术，包括 BIM+VR、无人机倾斜摄影、性能分析及装配式技术等；充分发挥 BIM 可视化、可集成性、可模拟等特性的应用价值，开发基于 BIM 的协同管理平台，实现工程全生命期、各参建方的协同工作与信息共享，实时有效控制工程建设的质量、进度、安全和投资各个环节；可有效提升工程建设精细化管理水平。

【关键词】BIM；信息技术；快速通道；协同管理；精细化管理

【作者简介】

刘艳滨，男，本科，上海城投公路投资建设集团公司，总工程师，教授级高级工程师。电子信箱：lyb1206@126.com

精细化设计下交通规划与道路
设计的无缝衔接

刘冰冰　　郝晓丽

【摘要】本文根据现有的交通规划方法和道路设计过程，阐述两者之间衔接的缺失。找出实现两者合理衔接的关键点，通过交通模型的模拟分析，支撑后期道路设计、交通工程的确定。可以对交通规划落到实处，对道路设计有据可依具有一定的实际意义。

【关键词】交通规划；道路设计；交通模型；精细化设计

【作者简介】

刘冰冰，男，研究生，济南市规划设计研究院，中级工程师。电子信箱：895792855@qq.com

郝晓丽，女，研究生，济南市规划设计研究院，中级工程师。电子信箱：871489211@qq.com

瑞安中心城区有机更新交通
提升规划研究

韩　光　杨介榜

【摘要】改革开放以来，多数城市得到了快速发展，但交通设施增长速度远远滞后于城市发展和需求。加快推进老城区更新改造，完善中心城区功能布局、提高城市生活品质，已成为大中城市近年来发展的主要方向。公交和慢行优先发展一直是交通规划的核心理念，适用于人口密集和交通设施不足的区域，是解决城市核心区和旧城区交通问题的重要途径，因此其在城市有机更新规划中尤显重要。结合瑞安市中心城区有机更新，采取 TOD 引导城市更新的交通发展理念，重构城市交通发展模式，对中心城区公交系统、道路网系统、停车系统和慢行系统的提升进行深入研究，实现交通与用地协调发展。

【关键词】城市更新；公交优先；慢行优先街区

【作者简介】

韩光，男，硕士，温州市城市规划设计研究院，交通模型智能研究室副主任，工程师。电子信箱：20649229@qq.com

杨介榜，男，本科，温州市规划信息中心，主任，教授级高级工程师。电子信箱：328002462@qq.com

小街区、密路网条件下道路沿线地块出入口设置研究

——以南京市红花—机场地区为例

俞梦骁　彭　佳　於　昊　吴爱民　梁　浩　吴建波

【摘要】既有规范标准只对出入口与交叉口的距离有明确规定，对"小街区、密路网"的适用性不强，对于指导现在精细化的城市设计、道路设计与街道设计尚显不足。本文以南京市南部新城红花—机场地区为典型案例，提出了小街区、密路网条件下道路沿线出入口布局原则，对出入口与所在道路类型、用地类型、交通组织、交通流性质等一系列要素之间的关系提出相应的研究和思考，并探索在一些特殊困难情形下地块出入口的布设方式，研究结果可为小街区、密路网地区以及其他非工业城区的道路沿线出入口布设提供新的思路与解决方案。

【关键词】小街区、密路网；地块出入口；内部集散道路；归并出入口

【作者简介】

俞梦骁，男，硕士，南京市城市与交通规划设计研究院股份有限公司，工程师。电子信箱：sigmaxblue@126.com

彭佳，男，博士，南京市城市与交通规划设计研究院股份有限公司，高级工程师，TOD 研究中心主任。电子信箱：123041446@qq.coms

於昊，男，硕士，南京市城市与交通规划设计研究院股份有限公司，研究员级高级城市规划师，副总经理，副总工

吴爱民，男，硕士，南京市城市与交通规划设计研究院股份有限公司，助理工程师。电子信箱：823350564@qqcom

梁浩，男，硕士，南京市城市与交通规划设计研究院股份有限公司，工程师。电子信箱：lianghao_seu@163.com

吴建波，男，硕士，南京市城市与交通规划设计研究院股份有限公司，工程师。电子信箱：644426645@qq.com

小城镇道路系统改善的精细化规划设计思考

——以东莞市石排镇为例

宋俊莹　朱永辉　靳朝阳

【摘要】精细化的交通规划设计得到了越来越多的关注与实践探索。本研究通过理论与实践相结合的研究方法对精细化交通规划设计内涵、定位与实现手段进行了总结与思考，认为严格意义上"精细化交通规划设计"不是一个新的概念，而是一种结合实际需要与未来需要的新的做事理念和要求。在规划设计工作中，应对"精细化"分阶段定位，设计深度分阶段要求，并对应不同的控制要点和实现方法。并且，研究以东莞的一个小城镇道路系统改善规划的项目为例，在详细分析现状问题、提出有针对性的道路系统改善目标的基础上，从"面、线、点"三个维度提出了精细化道路交通改善方案。

【关键词】精细化；交通规划；交通设计；道路系统改善

【作者简介】

宋俊莹，女，硕士，东莞市城建规划设计院，助理规划师。电子信箱：songjy1119@163.com

朱永辉，东莞市城建规划设计院，高级工程师

靳朝阳，东莞市城建规划设计院，工程师

精细化交通规划设计与组织
管理的应用研究

——以重庆市为例

安　萌　庹永恒　祝　烨

【摘要】山水阻隔、地形地貌的独特性成就了重庆市特有的路网格局，在自由式布局的路网体系下，重庆市的交通网络也呈现出具有山城特色的结构特征和交通组织特性。本文首先从路网结构出发，分析重庆市路网系统的特征和缺陷，其次延伸到对重庆市路网格局下特有的节点型拥堵进行成因和特征分析，最后结合自身路网特性从交通时空分离、路段流量均衡、汇流节点优化等多方面提出适应重庆市交通自身发展特征的精细化交通设计和组织管理措施，具备良好的创新和实践价值，有效指导重庆市交通良好运行。

【关键词】地形地貌；自由式路网；节点型拥堵；精细化交通

【作者简介】

安萌，男，博士，东南大学交通学院，高级工程师。电子信箱：andyanmeng@163.com

庹永恒，男，硕士，重庆市公安局大渡口区分局交通巡逻警察支队，主任科员，工程师。电子信箱：273917509@qq.com

祝烨，男，本科，重庆市市政设计研究院，所长，教授级高级工程师。电子信箱：zhuye@qq.com

天津市城厢中路与南城街交叉口改造研究

李志平　　张庆瑜　　李乐园

【摘要】天津市城厢中路与南城街交叉口为"Y"型交叉口，是老城厢地区对外联系的一个重要交叉口，长期以来存在尺度过大、人行过街设施缺乏、交通组织混乱、慢行交通缺乏路权等问题。本次研究的城厢中路与南城街交叉口包含在"天津市利用世界银行贷款城市交通改善项目"之中。利用这一契机我们项目组对城厢中路与南城街交叉口现场的人流量、自行车流量和机动车流量作了深入的调查和研究，并采用精细化设计理念提出了改造方案。硬件设施上增加了慢行空间和独立路权，增加了过街通道和安全岛；软件设施上对车道进行了重新渠化，调整了信号灯配时等措施。利用 VISSIM 软件对改造前后作了仿真对比实验，结果显示城厢中路与南城街交叉口改造设计方案对交通秩序的改善、人行过街的延误、机动车延误都得到了明显改善。

【关键词】"Y"型交叉口；调查研究；VISSIM 仿真；精细化设计

【作者简介】

李志平，女，硕士，天津市城市规划设计研究院，高级工程师。电子信箱：liz516@163.com

张庆瑜，女，硕士，天津市城市规划设计研究院，工程师。电子信箱：tjjtzx@126.com

李乐园，男，硕士，天津市城市规划设计研究院，高级工程师。电子信箱：tjjtzx@126.com

城市滨水地区交通组织策略研究

杨宇星　张协铭　刘志杰　戴旭东

【摘要】国内外许多城市依河而建，河流穿城而过，在这类城市之中，人们对沿江、沿河等滨水地区的交通、景观、品质的要求越来越高，滨水地区在这类城市中扮演着"城市名片"的重要角色。本文在分析论证现代城市滨水地区交通存在问题及未来发展发展方向的基础上，从沿水交通、跨水交通两个方面分析滨水地区交通特征，并提出了滨水地区交通组织的策略及思路。最后，以南昌市赣江两岸地区的交通组织设计为例，阐明本论文的研究成果。

【关键词】城市滨水地区；交通特征；交通组织；一江两岸

【作者简介】

杨宇星，男，硕士，深圳市城市交通规划设计研究中心有限公司（广东省交通信息工程技术研究中心），高级工程师。电子信箱：yyx@sutpc.com

张协铭，男，硕士，深圳市城市交通规划设计研究中心有限公司（广东省交通信息工程技术研究中心），高级工程师。电子信箱：zxm@ sutpc.com

刘志杰，男，硕士，深圳市城市交通规划设计研究中心有限公司（广东省交通信息工程技术研究中心），工程师。电子信箱：2059470971@qq.com

戴旭东，男，硕士，深圳市城市交通规划设计研究中心有限公司（广东省交通信息工程技术研究中心），助理工程师。电子信箱：1114779928@qq.com

产业转型升级背景下高科技园区
交通优化策略

——以天津华苑科技园区为例

李　科　唐立波　董　静　郭本峰

【摘要】高科技园区是新时代背景下技术改革、产业升级的凝聚地，是当下科技与创新的代表。在不断推陈的产业创新推动下，高科技园区已由传统的工业导向逐渐向服务导向转型。本文结合高科技园区的岗位及交通特征，提出其对外及内部的交通配置需求。以天津华苑科技园区为例，分析园区在新时期背景下的交通问题和交通需求，对园区现有对外交通及内部交通系统进行评价，提出交通优化策略。

【关键词】高科技园区；交通特征；优化策略

【作者简介】

李科，男，天津市城市规划设计研究院，高级工程师，注册城市规划师

唐立波，男，天津市城市规划设计研究院，工程师。电子信箱：tang8791332@163.com

董静，女，天津市城市规划设计研究院，工程师

郭本峰，男，天津市城市规划设计研究院，高级工程师

基于大数据分析的城市道路交通优化研究

——以宁波市鄞州区天童路为例

夏　羚　张　鸿　邵　挺

【摘要】道路交通问题一直是城市发展过程中不可规避的重要议题。近年来，随着机动车保有量的急剧增加，道路交通设施的供需矛盾日益严重，大数据的兴起不仅为道路交通规划研究提供了新的视角，同时也为交通优化改善提供新的思路。本文以宁波市鄞州区天童路为例，在传统规划的基础上，引入实时交通数据和定量数据等大数据类型对现状城市道路运行状态进行评估，从而较为精准地了解道路交通全天候运行状态及特征，把握区域、路段、节点等各层级的运量情况，并通过"点—线—面"相结合的方式，提出具有针对性且全方面的交通优化引导。同时在道路运营阶段，依托大数据平台，建立可调控的交通疏解运营体系，为道路交通远期运行提供技术保障。

【关键词】大数据；实时交通；交通拥堵；交通优化

【作者简介】

夏羚，女，硕士，宁波市鄞州区规划设计院，助理工程师，规划师。电子信箱：362508148@qq.com

张鸿，男，本科，宁波市鄞州区规划设计院，工程师，规划师。电子信箱：1046652811@qq.com

邵挺，男，本科，宁波市鄞州区规划设计院，助理工程师，规划师。电子信箱：332363285@qq.com

街道空间设计人性化研究分析

郭　放　戴冀峰　邓　从

【摘要】当今社会机动化迅猛发展，拥车率的过度扩张导致作为城市街道主体的人正逐渐被汽车所取代，过大尺度的机动车空间使得街道成为纯交通性空间，慢行系统无路可走，街道原有的人文风情、风貌特色被摧残殆尽。本文在分析既有街道空间设计不足的基础上，将以人为本的设计理念运用于生活性街道空间设计之中，为创造人性化的生活性街道提出相关建议，旨在恢复街道活力，打造宜居社区空间。

【关键词】生活性街道；空间设计；以人为本；人性化

【作者简介】

郭放，男，硕士，北京建筑大学。电子信箱：1415833679@qq.com

戴冀峰，女，硕士，北京建筑大学，副教授。电子信箱：214900378@qq.com

邓从，女，硕士，北京建筑大学。电子信箱：476307224@qq.com

基于品质提升的多维度完整街道实践

——以武汉市三阳路综合改造工程为例

焦文敏　龚星星

【摘要】随着"完整街道"理念的提出，建设充满活力、注重社会公平的宜居城市已经成为决策者和规划者的共同目标。通过对街道全要素、全范围、全空间的分析，本文将完整街道的概念由一维拓展至三维，不仅考虑所有道路使用者在横断面上的空间分配，还对街道研究范围进行横向、纵向、竖向的拓展，从常规的"断面设计方案"升级为"街道综合整治方案"，进而提升道路建设的社会经济效益。最后，以武汉市三阳路综合改造工程为例，对多维度完整街道理念的落实进行详细阐述。

【关键词】完整街道；多维度；三阳路；综合整治

【作者简介】

焦文敏，女，硕士，武汉市规划研究院，工程师。电子信箱：53551059@qq.com

龚星星，男，硕士，武汉市规划研究院，副总工程师，高级工程师。电子信箱：532659578@qq.com

苏州古城历史街巷交通精细化
提升设计实践

——以平桥直街为例

姜　科　吕　琴　夏国威　潘敏荣

【摘要】苏州古城千年城址未变，历史遗存密集，是国家级历史文化保护名城，"水陆并行，河街相邻"的棋盘型水乡街巷格局完整，是苏州历史文化名城保护的重要成果，也是传承苏州记忆与历史的重要载体。但是随着机动化的发展，设计之初基于"马车时代"构建的历史性街巷尺度和空间，与机动车交通间的不适应性逐步凸显，街巷时空资源分配失衡，空间功能划分混乱，车行难，慢行险，风貌减，已成为古城街巷交通的典型痛点。平桥直街始建于宋朝年间，是苏州古城具有代表性的历史性街巷，街道沿线用地功能高度复合，动静交通矛盾突出，机非人混行现象严重。本文以平桥直街功能提升为切入点，在详尽把握平桥直街的交通需求特征基础上，精细化重构街道空间，旨在形成苏州古城历史性街道功能提升设计范式，为引导实现全域"公交+慢行"的古城交通战略提供切实有效的实施路径。

【关键词】苏州古城；历史街巷；精细化设计；平桥直

【作者简介】

姜科，女，硕士，苏州规划设计研究院股份有限公司，高级工程师，注册城乡规划师。电子信箱：46806834@qq.com

吕琴，女，本科，苏州规划设计研究院股份有限公司，工程师。电子信箱：623167553@qq.com

夏国威，男，本科，苏州规划设计研究院股份有限公司，工程师。电子信箱：994586944@qq.com

潘敏荣，男，硕士，苏州规划设计研究院股份有限公司，高级工程师，注册城乡规划师。电子信箱：17194622@qq.com

古城及周边地区交通出行空间
配置和优化初探

伍　鹏　李谷花　桂　姣　胡　环

【摘要】随着新型城镇化稳步推进，旅游产业的跨越式发展，古城区内历史长期形成的交通设施难以满足日益增长的游客机动车交通需求，交通拥堵、人车矛盾、停车混乱等问题日益突出。本文结合游客、居民出行需求特征和古城保护要求，对古城及周边地区选择以"步行+公交"为主体、多元特色交通服务为补充的交通发展模式，并从交通枢纽配置、机动车交通空间环境优化、特色化旅游出行和古城交通缓冲空间构建、旅游旺季交通空间资源整合等方面提出交通空间优化的相关要求，以构建绿色、低碳、可持续的交通系统，减轻古城及周边地区的交通压力，营造良好的旅游和生活环境。

【关键词】历史文化名城；古城保护；交通出行空间

【作者简介】

伍鹏，男，硕士，云南省设计院集团，集团规划设计研究院规划一室副主任，工程师。电子信箱：530428233@qq.com

李谷花，女，硕士，中国联合网络通讯有限公司云南省分公司，工程师。电子信箱：495665483@qq.com

桂姣，女，硕士，云南省设计院集团，工程师。电子信箱：690608819@qq.com

胡环，女，硕士，云南省设计院集团，工程师。电子信箱：815196558@qq.com

10 交通分析

南昌莱蒙都会 B8 和 B12 地块间地下通道交通分析

李　荣

【摘要】为使两个地块间商业人流出行方便，加强 B8 和 B12 地块地下商业之间的联系，提升商业氛围，南昌莱蒙都会项目 B8 和 B12 地块之间共有设置 4 个行人联系通道：地面过街、轨道站点通道、空中连廊和地下通道。其中地下通道由于受到轨道交通 1 号线和凤凰中大道沿线地下管线布设条件制约，局部为两侧自动扶梯和中央步行楼梯形式，且设置为倒梯形。为保证通道交通运行服务水平和安全性，本研究对该地下通道初步方案进行交通分析，包括交通供需分析和安全分析两部分，通过该分析对初步方案提出了改进方案。同时，该研究也进一步深化了地块间交通联系地道的评价方法体系。

【关键词】地块间地下通道；交通供需分析；交通安全分析；方案评估

【作者简介】

李荣，男，硕士，北京交通大学交通运输学院在读博士研究生，工程师。电子信箱：lirong0310@163.com

基金项目：江西省教育厅科学技术研究项目（GJJ161177），中央高校基本科研业务费专项资金资助（2017YJS117）

公交车辆站间行程时间预测研究

魏昌海　朱丽颖　陈旭梅　丁深圳

【摘要】结合公交车辆行程时间预测的数据需要以及 GPS 数据特点，提出了一套关于 GPS 数据处理的方法，并运用编程实现了该方法。然后以公交线路 GPS 数据处理结果为依据，分早高峰、平峰、晚高峰三个时段对公交车辆站间行程时间特性进行分析。分析结果表明，不同时段的公交车辆行程时间变化规律不同，晚高峰公交车辆行程时间较其他两个时段更长。另外，对时段内公交车辆行程时间特性的研究发现，同一区段前后两次公交的行程时间也存在紧密联系。在此基础上，建立了基于卡尔曼滤波算法和基于时间序列的公交车辆站间行程时间预测模型。最后，通过实际案例对两种模型的预测效果进行对比分析，平均相对误差分别是 0.105、0.153，表明在一定误差范围内，两种模型均能够较好地对公交车辆站间行程时间进行预测，且基于卡尔曼滤波算法的预测模型预测精度更高。

【关键词】公共交通系统；卡尔曼滤波算法；时间序列；GPS 数据处理；站间行程时间预测模型

【作者简介】

魏昌海，男，硕士，南京市城市与交通规划设计研究院股份有限公司，助理工程师。电子信箱：w3466456@163.com

朱丽颖，女，硕士，北京市劳动保护科学研究所，工程师。电子信箱：zly19851223@163.com

陈旭梅，女，博士，北京交通大学交通运输学院，教授。电

子信箱：tcxm@263.net

丁深圳，男，博士，北京交通大学交通运输学院。电子信箱：1065525026@qq.com

重庆市主城区综合交通模型
重构实证研究

吴祥国　　张丹扬　　王澜凯　　余梓冬　　于海勇

【摘要】基于重庆市主城区 2014 年居民出行调查数据，在既有模型基础上进行全面系统的模型技术升级，包括模型框架结构完善、分区域分时段分层次参数标定、多源大数据资源模型应用等。以传统四阶段方法为基础，充分利用多源大数据资源，在道路网络、地面公交、轨道交通等交通网络供给系统，现状与规划人口、出行生成、出行分布、方式划分和交通分配等出行需求分析系统方面进行关键技术的探索应用。实践表明，新的综合交通模型有效提高了既有交通模型的分析精度和能力，为大量交通项目的技术应用提供了坚实的定量技术支撑。

【关键词】交通规划；交通模型；综合交通调查；大数据；重庆市

【作者简介】

吴祥国，男，硕士，重庆市交通规划研究院，高级工程师。电子信箱：252308215@qq.com

张丹扬，男，硕士，重庆市交通规划研究院，工程师。电子信箱：yang19891104@hotmail.com

王澜凯，男，硕士，重庆市交通规划研究院，工程师。电子信箱：478827531@qq.com

余梓冬，男，硕士，重庆市交通规划研究院，高级工程师。

电子信箱：117802322@qq.com

于海勇，男，硕士，重庆市交通规划研究院，工程师。电子信箱：897979561@qq.com

基于轨道交通客流的通勤特征分析

王　振　　张志敏　　高洪振

【摘要】为研究人口、土地利用与城市发展的相互关系，需要对现有城市的交通运行情况进行评估，城市轨道交通作为城市人口流动的重要通道，能够反映城市的交通运行特征。利用青岛市轨道交通 2017 年连续一个月的运行数据，对通勤人口进行识别，得到通勤人口轨道出行 OD（Origin and Destination），并与百度 LBS（Location Based Services）位置定位数据获取的居住人口和工作人口进行相关性分析；基于通勤出行 OD，调用百度地图路线规划服务 API 接口，进行出行路线规划，进行通勤客流特征分析。统计分析表明：①轨道出行通勤规模为 3.5 万人，约占日均客运量的 12%；②站点上客量与站点周边居住人口呈现中等相关，站点下客量与站点周边工作人口呈现强相关；③平均通勤距离及通勤时间分别为 10km 和 34 分钟，仍处于合理范围之内。

【关键词】通勤识别；职住分析；路线规划；通勤特征

【作者简介】

王振，男，硕士，青岛市城市规划设计研究院，工程师。电子信箱：2227840807@qq.com

张志敏，女，硕士，青岛市城市规划设计研究院，大数据与城市空间研究中心副主任，高级工程师

高洪振，男，硕士，青岛市城市规划设计研究院，交通研究中心模型与信息化部部长

基于多源大数据的大型活动交通保障方案评估

谢林华

【摘要】相对于传统交通模型与评估技术，多源大数据技术可准确全面地分析城市空间内人、车、路的动态关系，特别是在局部空间、较短时间内集散大量人流、车流的大型活动中，多源大数据能够很好地分析交通组织管理措施对区域道路网容量的影响。本文以中国国际航空航天博览会为例，通过深度挖掘数据的价值，探讨道路交通运行与交通管理之间的相关作用关系，研究大型活动交通影响评价方法，为下一次大型活动交通保障方案的制定提供实践经验。

【关键词】大型活动；多源大数据；交通保障；评估

【作者简介】

谢林华，男，硕士，珠海市规划设计研究院，规划设计师，交通模型师。电子信箱：335485787@qq.com

苏州轨道交通成网阶段客流
特征研究

万泽文　潘敏荣

【摘要】依据规划，2030 年苏州将发展成多中心组团型特大城市，为了满足机动化交通的需要，实践绿色交通的理念，苏州正在加大轨道交通发展力度。从 2012 年开始轨道交通逐步连接了苏州古城、苏州工业园区、苏州高新区、相城区和吴江区。为提高客流组织管理水平，合理进行客流预测，人们更加重视对轨道交通客流特征的研究，而多源数据的融合为数据获取及分析带来方便。在苏州地铁 4 号线通车运行一个月的时间背景下，本文应用苏州地铁开通 5 年来的 IC 卡数据以及移动通信定位数据，参考国内主要城市轨道交通成网阶段的发展特征来分析苏州轨道交通的客流特征。

【关键词】多源数据；轨道线网成网阶段；轨道交通客流特征；组团型城市

【作者简介】

万泽文，男，本科，东南大学交通学院。电子信箱：2460377914@qq.com

潘敏荣，男，硕士，苏州城市规划设计研究院，高级工程师

综合交通运输系统内旅客运输成本综述

赵璐阳

【摘要】本文通过收集整理近年来我国旅客运输成本研究方面的 3 篇综述文献、27 篇期刊文献、5 篇硕博学位论文及 2 种图书，从交通运输与经济学两个主要研究领域出发，对相关文献进行了整理汇总与评述，同时还关注了研究新视角，即考虑了社会效益、绿色交通等方面的旅客运输成本。研究表明不同领域对于旅客运输成本的研究角度不尽相同且值得相互借鉴，通过不同领域、不同角度旅客运输成本研究的启示，提出交通运输领域应考虑企业、旅客及社会三方的运输成本，注重可操作性及准确性等影响因素，进而对旅客成本体系进行更加全面的定性、定量研究并建立科学评价体系，以期该评价体系能为预测客流分配、企业运营方案决策等交通运输相关研究提供科学有效的数据支撑。

【关键词】综合交通运输系统；旅客运输成本；社会效益

【作者简介】

赵璐阳，女，硕士，石家庄铁道大学交通运输学院。电子信箱：luyang_zhao@yeah.net

基于多源数据的长沙市轨道
交通客流效益评估

谢覃禹　刘　令　江　迎

【摘要】随着科学技术的发展，规划工作者能够接触和利用的数据也越来越多元化，常用的数据包括 IC 刷卡数据、GPS 数据、手机信令数据等等。如何利用好这些数据，为规划工作提供指导是当前研究的热点。本文通过总结轨道客流评估流程，基于问卷调查数据、POI 数据、手机信令数据、用地数据等多源数据处理结果，从客流增长、用地开发、轨道接驳等方面对长沙市轨道交通客流效益进行了评估，并根据评估结果对长沙轨道交通客流效益提升提出了相关建议。

【关键词】多源数据；轨道交通；客流评估

【作者简介】

谢覃禹，男，硕士，长沙市规划勘测设计研究院，工程师。电子信箱：xqu_305444830@qq.com

刘令，男，硕士，长沙市规划勘测设计研究院，助理工程师。电子信箱：liuling209@live.com

江迎，男，硕士，长沙市规划勘测设计研究院，高级工程师。电子信箱：jerry_1982@126.com

基于公交 IC 卡数据的人群划分及
出行特征分析

——以青岛市为例

张铁岩　禚保玲　胡　倩　张志敏

【摘要】公交 IC 卡自动收费系统、公交车到离站报站系统在青岛公交车辆上已经得到广泛使用。本文借用前人研究思路，对青岛市公交 IC 卡数据进行了融合，并基于公交刷卡信息将青岛市公交刷卡人口分为普通人、老年人、学生三种人群，对这三类人群从客运量时段变化、换乘系数、一次出行乘车次数、平均运距、人均出行次数五个方面进行分析。结果表明：普通人决定了公交出行人群的总体走势；老年人换乘系数高，时段出行分布较为均衡，表明外出时尽量选择减少步行、多次换乘的方式到达目的地；学生乘车受上下课时间制约，早晚高峰出行高度集中，且早高峰明显早于其他两种人群。

【关键词】公共交通；IC 卡数据；时空分布；青岛

【作者简介】

张铁岩，男，硕士，青岛市城市规划设计研究院，工程师。电子信箱：tyzhang@163.com

禚保玲，女，硕士，青岛市城市规划设计研究院，工程师。电子信箱：253863939@qq.com

胡倩，男，硕士，青岛市城市规划设计研究院，工程师。电

子信箱：843231633@qq.com

张志敏，女，硕士，青岛市城市规划设计研究院，高级工程师。电子信箱：16912419@qq.com

城市复合交通网络脆弱性研究

王　握　李　林　罗云辉　李浩浩

【摘要】为了研究复合网络下网络的脆弱性，本文利用 space L 方法构建了北京市三环内道路—地铁复合交通网络模型，给出了以网络效率和最大连通子图的相对大小为基础的脆弱性评价指标，从三种不同的攻击策略研究了复合网络所表现出来的脆弱性，并通过逐个攻击网络中节点、边的方式来搜索网络中关键节点和关键路段。结果表明，复合网络对节点的蓄意攻击表现出更强的脆弱性，同时网络中的关键节点多为地铁站点，应注重对地铁站点的保护，保障地铁站点与道路节点的衔接。

【关键词】复合交通网络；攻击策略；脆弱性；关键节点；关键路段

【作者简介】

王握，男，硕士，深圳市城市交通规划设计研究中心有限公司（广东省交通信息工程技术研究中心）。电子信箱：m15850570887@163.com

李林，男，硕士，深圳市城市交通规划设计研究中心有限公司（广东省交通信息工程技术研究中心），工程师。电子信箱：316256043@qq.com

罗云辉，男，硕士，深圳市城市交通规划设计研究中心有限公司（广东省交通信息工程技术研究中心），助理工程师。电子信箱：970561982@qq.com

李浩浩，男，硕士，深圳市城市交通规划设计研究中心有限

公司（广东省交通信息工程技术研究中心）。电子信箱：lihaohaoht@163.com

大数据背景下交通调查的创新与
交通模型的构建

刘晓玲　段进宇

【摘要】交通模型是城市交通决策向定量化转变的核心技术支撑手段。在当前大数据蓬勃发展的背景下，如何有效地结合交通大数据和交通调查数据是当前交通模型构建面临的一个新的问题。本文依托兰州市交通调查与大数据平台及应用系统建设项目，从交通模型构建角度出发，在统筹应用各类交通大数据源的基础上设计交通调查方案，实现交通调查与交通大数据分析优势互补，并整合成一套大数据和交通调查互动发展的宏观综合模型构建方法。以此为基础构建兰州市宏观交通模型，并利用多方数据源校核各阶段模型的输出结果，进一步论证了模型准确性和实用性。

【关键词】城市交通；交通模型；交通大数据；参数标定；模型应用

【作者简介】

刘晓玲，女，硕士，深圳市城市交通规划设计研究中心有限公司（广东省交通信息工程技术研究中心）。电子信箱：694030950@qq.com

段进宇，男，博士，深圳市城市交通规划设计研究中心有限公司（广东省交通信息工程技术研究中心），北京分院院长，高级工程师，注册城乡规划师

基于主题模型的出租车出行
行为分析

谢开强

【摘要】随着"大数据"时代的到来，出行行为数据的采集更加便捷，数据内容更加丰富准确，数据体量也更加庞大，"交通大数据"孕育而生。为了更加精确地研究出租车出行行为中的微观模式特征，本研究引入了自然语言处理中常用的 LDA 主题模型。通过出租车 GPS 出行数据与文本数据之间的类比，说明了主题模型在本次研究中的适用性。然后，本文构造了"出行时间+出行距离+行程时间"形式的"词语"，并应用 LDA 主题模型对北京市出租车 GPS 数据进行了分析。结果表明，LDA 主题模型不仅能够通过主题—词语条件概率分布有效地给出隐藏在 GPS 数据中的出行模式特征，还能够通过文档—主题概率分布给出每天各出行模式的分布规律，进而发现出行行为中的周期性特征。

【关键词】出行行为；LDA 主题模型；出租车 GPS 数据

【作者简介】

谢开强，男，硕士，深圳市城市交通规划设计研究中心有限公司、深圳市交通信息与交通工程重点实验室，工程师。电子信箱：kqx0731@163.com

面向实时在线仿真应用的交通流参数标定方法

唐 易 陈振武

【摘要】交通流参数的获取是实时在线仿真技术的关键环节，传统的交通流参数标定方法具有标定精度低、适用性局限等缺点，无法满足实时在线仿真的应用要求。针对上述问题，本文将结合现有模型理论研究基础，分析城市交通流特性，动态量化不同状态的交通流区间，基于最优化理论，构建动态最优区间模型，并分段标定交通流参数，最后提出一种以路网最小道路单元为对象的标定模式，分别选取快速路、主干路进行实例分析，验证了方法的合理性。

【关键词】交通流参数标定；动态最优区间；实时在线仿真

【作者简介】

唐易，男，硕士，深圳市城市交通规划设计研究中心有限公司，助理工程师。电子信箱：tangyi@sutpc.com

陈振武，男，硕士，深圳市城市交通规划设计研究中心有限公司，工程师。电子信箱：czw@sutpc.com

基于多元数据的组团新区职住及通勤交通分析

周　福　李晓庆　张平升　李炳林

【摘要】为更好地适应大城市扩张和新城镇的发展，不少新城新区采用组团式的空间布局模式。组团内部住宅区、公共服务设施、产业区平衡发展可以有效避免交通拥堵、人口膨胀这类"大城市病"的出现。通过多元数据融合，综合分析组团新区居民职住空间关系和通勤交通特征对城市职住平衡改善、交通系统优化具有重要研究意义。本文以湖南湘江新区为例，利用手机信令、轨道刷卡、道路流量、出租车 GPS 等多元化数据，分析新区居住岗位分布、组团间通勤出行特征、交通设施与通勤 OD 关联性等，进而对新区职住空间和交通发展提出建议，以期为湘江新区通勤交通改善、其他城市开展交通大数据分析提供借鉴。

【关键词】多元数据；组团新区；职住空间；通勤特征

【作者简介】

周福，男，本科，湖南湘江新区国土规划局，工程师。电子信箱：504316219@qq.com

李晓庆，女，硕士，长沙市规划勘测设计研究院，工程师。电子信箱：1156273942@qq.com

张平升，男，硕士，长沙市规划勘测设计研究院，工程师。电子信箱：215728677@qq.com

李炳林，男，硕士，长沙市规划勘测设计研究院，高级工程师。电子信箱：86791011@qq.com

基于空间加权度模型的节点
重要度测算方法

宋　康

【摘要】城市道路网络中节点重要性度量对于研究城市道路网络的可靠性具有十分重要的意义。社会学语境中的度中心性指标常被研究者用来度量城市路网中节点的重要度，然而，度中心性指标用于分析节点重要度是不充分的，因为它只考虑了网络的拓扑结构，没有考虑城市路网的地理信息。本文提出一种用于城市路网中节点重要度测算的空间加权度模型，其中道路等级、路段长度和路段车道数是确定道路空间网络节点度的重要因素。在这个新的模型中使用权重系数来度量每个因素对节点度的贡献，提出一种序列差异度方法用于评价不同节点度模型的测算性能。实验结果表明，所提模型序列差异度总和最小为 29.64，测算效果最佳。

【关键词】城市道路网络；节点重要度；空间加权度

【作者简介】

宋康，男，硕士，南京市城市与交通规划设计研究院股份有限公司。电子信箱：1659223025@qq.com

基于多源大数据的双重约束
OD 估计方法研究

吴克寒　王　洋

【摘要】交通模型是城市交通规划的重要基础工具，而实现准确的 OD（Origin-Destination）估计是提高交通模型精度的必要条件。受先验 OD 精度和约束条件有限的影响，目前 OD 估计精度通常难以满足需求，尤其在构建大规模城市交通模型时更显乏力。多源大数据的出现为 OD 估计带来了新思路，在此背景下本文提出了一种以信令数据为先验 OD，以浮动车出行分布特征和道路流量为双约束条件的极大熵 OD 估计模型，经验证可有效提升 OD 估计精度。研究成果为 OD 估计方法提供了新思路，探索了大数据实际支撑城市交通规划的新方法。

【关键词】OD 估计；信令；浮动车；交通模型；交通规划

【作者简介】

吴克寒，男，博士，中国城市规划设计研究院，工程师。电子信箱：khanwoocn@outlook.com

王洋，男，硕士，中国城市规划设计研究院，高级工程师。电子信箱：348650351@qq.com

基于自组织临界性的城市交通
路网承载力研究

邓　娜

【摘要】基于交通大数据建立和完善路网承载力理论研究体系与挖掘更优的路网承载力计算方法，旨在对路网运行状态的实时监测与交通组织指挥及决策支持提供有益思路。在总结国内外城市交通路网承载力研究现状的基础上，应用自组织临界性理论阐明路网承载力定义，利用交通大数据深入研究路网状态分级方法与路网状态变化规律，探究路网自组织临界态的阈值计算方法，并在路网自组织临界态约束下构建路网承载力计算模型。以北京市知春路片区路网为例，通过仿真与分析，验证了所得路网承载力结果较传统研究方法更为精确，并从系统动力学角度就该结果提出实际的应用意见。

【关键词】路网承载力；自组织临界性；路网状态；模糊 C-均值聚类；北京市

【作者简介】

邓娜，女，硕士，深圳市规划国土发展研究中心，助理规划师。电子信箱：1026579968@qq.com

乘车优惠对老年人出行行为
影响研究

田 伦

【摘要】为探究乘车优惠政策对老年人出行行为的影响，从而更加准确地把握老年人出行规律，本文展开了乘车优惠政策对老年人出行行为影响的初步研究。首先，文章基于南京市老年人出行行为调查数据，探究了乘车优惠政策对老年人出行行为特征的影响。其次，通过分析老年人出行决策过程及相关影响因素，研究了乘车优惠对老年人出行行为的影响机理，即乘车优惠政策主要通过改变老年人公共交通出行的感知成本、感知服务质量及感知风险，从而影响老年人出行决策。在此基础之上，构建了乘车优惠政策对老年人出行行为影响的结构方程模型。

【关键词】乘车优惠；老年人出行行为；结构方程模型

【作者简介】

田伦，男，硕士，南京市城市与交通规划设计研究院股份有限公司，规划设计师，助理工程师。电子信箱：782727612@qq.com

基于大数据的沿海中小城市交通出行特征研究

——以秦皇岛市为例

王梅娟　秦　维　张斯阳　李　阳

【摘要】手机信令数据可从人口分布、辐射范围、交流联系三个角度揭示城市运行特征，是传统交通调查的重要补充手段。本文以秦皇岛市为例，从城市人口空间分布、职住空间分布、出行特征、外来人口空间分布及出行特征四个角度总结人口分布特征及交通出行特征。得到结论：①居民平均通勤距离较短，内居内职特征显著；②人口沿海分布特征显著，海港区—开发西区联系紧密；③城市对外联系以京津冀、东三省为主；④城市旅游活动集中于滨海区域，呈带状分布。基于此本文提出了城市空间与交通协调的发展建议，以期更好地服务于沿海中小城市的发展。

【关键词】城市交通；交通调查；出行特征；大数据技术；秦皇岛市

【作者简介】

王梅娟，女，硕士，山东女子学院。电子信箱：799471271@qq.com

秦维，男，硕士，中国城市规划设计研究院西部分院，工程师。电子信箱：513587449@qq.com

张斯阳，女，硕士，中国城市规划设计研究院，工程师。电

子信箱：zhangsiyangyy@126.com

李阳，男，硕士，济南市城乡规划设计研究院，工程师。电子信箱：289672063@qq.com

基于手机信令数据和复杂网络的
交通出行特征分析

高　湛　韦　胜

【摘要】本文基于昆山市的手机信令数据，对基站获取的手机信令进行筛选与统计，利用核密度图和全市出行的 OD 图来判断城市的居住区和工作地的分布，并根据全市主要居住区和工作地分布的结构特点，为交通规划提供启发。同时，本文为进一步探究昆山全市人口的出行的特征和规律，基于全市的职住 OD 线和复杂网络理论两种方法根据出行规律对全市进行社区划分，分别找到各社区内人口出行的内在特点与社区之间的外部联系，从市域和局部地区不同尺度上分析人口出行规律，为城市交通规划提供科学的决策建议。

【关键词】手机信令；出行特征；职住 OD；复杂网络；社区划分

【作者简介】

高湛，男，硕士，江苏省城市规划设计研究院，助理规划师。电子信箱：1578090895@qq.com

韦胜，男，硕士，江苏省城市规划设计研究院，高级规划师。电子信箱：gis_wsh@126.com

基于大数据的城市活动性
平台实践研究

——以珠海为例

余 萍

【摘要】随着大数据时代的到来，城市管理、规划工作信息化程度不断提高，大势所趋下基于数据的科学规划、管理、决策日益增多并趋于成熟。城市活动性平台"以人为本"，长期、定期融合分析多维数据资源，持续地监测城市居民活动与出行特征，全方面把握不同时期各类群体客流出行需求规律和节奏，在城市管理与规划领域，提供数据支撑及服务。本文以珠海市城市性活动平台为例，介绍城市活动性平台在日常交通管理、大型活动交通保障、交通治堵、城市公交体系优化及枢纽专线优化方面所发挥的作用及价值。

【关键词】大数据；手机信令；活动性平台

【作者简介】

余萍，女，本科，珠海市交通运输局交通规划研究与信息中心，副主任。电子信箱：15350895@qq.com

城际出行的市内接驳时间价值分析

张兴雅　牟振华　黄　白　杨万凯

【摘要】随着城市群的不断兴起，城际交流日益密切，人们以城际铁路为载体跨城市出行变得愈加普遍。研究基于非集计模型基本原理，建立出行时间价值模型，并从城际铁路出行市内接驳方式的角度出发，以山东半岛城市群为例，选取青岛北站、烟台南站、威海站和荣成站为代表的候车乘客为样本进行问卷调查。选取常规公交与出租车作为主要接驳方式，分别对四个城市城际出行的市内接驳出行方式建立 Binary Logit（BL）模型，并对模型进行了参数标定及检验，利用参数估计结果，计算出了四个城市市内接驳出行时间价值以及分析了影响出行时间价值的显著性因素。另外将时间价值模型进行了实际应用，得到了城市群中各城市不同出行目的下的出行时间价值。结果表明，四个城市的接驳出行时间价值比较符合实际情况，并且对城市间的差异性进行了分析。

【关键词】城际出行；BL 模型；出行时间价值；差异分析

【作者简介】

张兴雅，女，硕士，山东建筑大学。电子信箱：347400224@qq.com

牟振华，男，博士，山东建筑大学，副教授。电子信箱：mouzhenhua@163.com

黄白，女，硕士，山东建筑大学。电子信箱：420483028@qq.com

杨万凯，男，硕士，山东东泰工程咨询有限公司，助理工程师。电子信箱：1533261651@qq.com

基于重要度的 OD 反推观测
路段设置方法研究

张　婷

【摘要】近年来，交通信息采集系统的普及使得 OD 反推技术越来越受到青睐。科学合理地设置观测路段是进行 OD 反推的关键技术之一，考虑现有的观测路段设置方法大多基于整数规划模型或者图论，且基本都处于理论研究阶段，工程适用性较弱。因此，本文基于路段重要度，同时考虑微观评价指标和宏观评价指标，综合采用因子分析法和熵值赋权法对各指标进行赋权，利用聚类分析法设置观测路段。最后，本文以杭州市萧山区为例，基于重要度设置 OD 反推中的观测路段。结果表明，所设置的观测路段位置分布较为均匀，且观测率达到 31.24%，能够满足 OD 反推的需求。这一研究成果可以为 OD 反推中观测路段的设置提供一种可操作的、工程适用性较强的参考。

【关键词】OD 反推；重要度；观测路段设置

【作者简介】

张婷，女，硕士，南京市城市与交通规划设计研究院股份有限公司。电子信箱：15751868328@163.com

新型调查技术下南京市主城
居民出行轨迹特征

李　旭　程晓明

【摘要】设计基于移动设备的居民出行调查软件，嵌入出行路径选择及出行轨迹采集模块，弥补现有基于移动设备的调查系统无法采集出行路径的不足。在同一坐标下，对采集的出行路径进行还原，利用地图匹配技术和动态分段技术建立居民出行轨迹库，重点分析南京市主城区居民通勤目的下不同出行方式的出行轨迹特征及出行分布规律。根据出行轨迹绘制出行活动圈层，分析主城区各片区间出行活动圈层分布和片区间出行联系程度。

【关键词】新型调查系统；系统设计；出行轨迹；活动圈层

【作者简介】

李旭，女，硕士，南京市城市与交通规划设计研究院股份有限公司，交通大数据工程技术研究中心规划师及模型师，工程师。电子信箱：654664117@qq.com

程晓明，男，硕士，南京市城市与交通规划设计研究院股份有限公司，交通大数据工程技术研究中心主任，高级规划师。电子信箱：232699227@qq.com

电动出租车司机充电时间
选择行为研究

孙庭源

【摘要】为了分散电动出租车集中充电产生的充电高峰，本文研究了分时电价下电动出租车司机充电时间选择行为，以为合理的分时电价政策制定提供参考，从而有效诱导司机错峰充电。根据 SP 调查数据建立多项 Logit 模型，参数标定结果表明司机希望以较小的充电时间改变实现在低电价时段充电；进行连续变量弹性分析，发现电价涨幅对司机是否选择"按时充电"影响最大，当司机考虑是否推迟充电时，需要推迟的充电时间也会对其决策产生较大影响；进行离散变量边际效应分析，发现对于不同充电高峰时段，即使实行相同分时电价政策，司机也会作出不同响应；设置不同的分时电价进行效果分析，发现即使是相同峰谷电价差，针对不同电价涨幅组合，司机会做出不同电价响应。

【关键词】电动出租车；分时电价；充电行为；Logit 模型

【作者简介】

孙庭源，男，硕士，南京市城市与交通规划设计研究院股份有限公司，工程师。电子信箱：suntingyuan@163.com

基于多换乘站点的需求响应式
接驳公交调度模型研究

范文豪　李文权　张　倩

【摘要】需求响应式接驳公交是一种新型的公共交通方式，它既有出行费用低、车辆承载率高等优点，又能满足居民出行方便性和舒适性要求，为乘客提供"门到门"服务，提高公共交通吸引力，缓解城市交通拥堵。在分析需求响应式接驳公交特性的基础上，重点考虑多个换乘站点联合调度对接驳公交车辆路径的影响，以系统总成本最小为目标建立基于多换乘站点的需求响应式接驳公交调度模型，并设计了自适应遗传算法进行求解。以南京市轨道交通 3 号线为例，运用 MATLAB 软件进行仿真分析来验证模型和算法的有效性与可行性。结果表明，该调度模型和求解算法适用于多个换乘站点的需求响应式接驳公交系统，能够在合理的时间范围内求解出接驳公交车辆的最优行驶路径，降低系统运营成本。

【关键词】公共交通；需求响应式接驳公交；多换乘站点；车辆路径问题；遗传算法；仿真验证

【作者简介】

范文豪，男，硕士，中交城乡建设规划设计研究院有限公司，助理工程师。电子信箱：753310161@qq.com

李文权，男，博士，东南大学交通学院，教授

张倩，女，硕士，湖北省城建设计研究院股份有限公司，助理工程师

基于 AFC 和 POI 数据的轨道交通
站点客流影响因素挖掘

李国强　杨　敏　吴运腾　王树盛

【摘要】精细化研究轨道交通站点客流影响因素对于建立轨道交通与土地利用长效互动机制，发挥轨道交通支撑和引领城市发展作用，指导轨道新线开通和周边用地开发等具有重要意义。本文基于轨道交通运营客流 AFC 数据和网络爬取的 POI 数据，分析南京市四种类型轨道交通站点客流特征，挖掘包括用地特征、公交接驳特征、站点属性等在内的影响因素，通过结构方程模型分析论证，探讨对城市轨道交通规划建设和城市用地开发的影响机制。研究表明，POI 数据在分析站点客流影响因素的问题上具有较高实用价值，基于 POI 数据表征的住户数量、商业设施数量、文化设施数量、公交线路数量等对工作日轨道进站客流有显著影响，研究结果可用于指导轨道运营管理、线路新开和站点周边用地开发。

【关键词】城市轨道交通；客流特征；兴趣点数据；用地特征

【作者简介】

李国强，男，硕士，东南大学交通学院。电子信箱：1670100405@qq.com

杨敏，男，博士，东南大学交通学院，东南大学交通学院院长助理，教授，博士生导师。电子信箱：yangmin@seu.edu.cn

吴运腾，男，硕士，东南大学交通学院。电子信箱：

461502040@qq.com

王树盛，男，江苏省城市规划设计研究院，副总工程师，研究员级高级工程师

苏州轨道交通客流接驳特征研究

彭艳梅　张伟鹏

【摘要】轨道交通客流的接驳特征是科学配置车站换乘设施种类、规模的基础依据。本文基于大量问卷调查和大数据分析，对苏州轨道交通客流的个人属性特征、基本出行特征、末端接驳特征以及接驳工具使用特征等进行系统的研究，为后续轨道交通线路与地面交通衔接换乘规划提供数据支撑和研究依据，对未来轨道车站周边交通换乘设施的配置与优化整合具有指导作用。

【关键词】轨道交通；衔接换乘；末端接驳特征；接驳工具使用特征

【作者简介】

彭艳梅，女，硕士，中咨城建设计有限公司，工程师。电子信箱：1033699568@qq.com

张伟鹏，男，本科，中咨城建设计有限公司，助理工程师。电子信箱：780916393@qq.com

基于地带公交线路客运量分布的
OD 更新方法研究

汤月华

【摘要】与轨道交通相比，在编制地面公交人员出行主方式 OD 时存在更多的困难。本文在交通大调查年份地面公交人员出行 OD 的基础上，提出了一种基于地带公交线路客运量分布的 OD 更新方法，以线路首末站所在地带不同将线路分类，以此为依据调整地带 OD，小区层面出行仍旧参考大调查年份小区 OD 分布结构。通过线路层面、校核线断面和总体特征指标的校核，证实分配结果达到宏观应用要求。

【关键词】公交 OD；上海；线路客运量；模拟校验

【作者简介】

汤月华，女，硕士，上海市城乡建设和交通发展研究院上海市城市综合交通规划研究所，工程师。电子信箱：254876854@qq.com

市域铁路客流特征分析及启示

——以上海金山铁路为例

杨　晨　孙世超　王　祥　吉婉欣

【摘要】市域铁路是城市中心城区联接周边城镇组团及其城镇组团之间的通勤化、快速度、大运量的轨道交通系统，和市区轨道客流不同，市域铁路客流有着自身特点，对市域铁路规划、建设、运营和管理都会有特定要求。以上海金山铁路为例，结合客流数据、乘客问询调查数据，分析了客流规模、时空分布、乘客构成等特征，通过对比上海市轨道交通 16 号线和国际大都市市郊轨道对市郊联系的服务，为金山铁路改进运行服务，同时也为本市及国内其他城市的市域铁路发展提供经验和借鉴。

【关键词】市域铁路；金山铁路；客流特征；乘客出行

【作者简介】

杨晨，男，博士，上海市城乡建设和交通发展研究院上海市城市综合交通规划研究所，规划室副主任，高级工程师。电子信箱：178106913@qq.com

孙世超，女，硕士，上海市城乡建设和交通发展研究院上海市城市综合交通规划研究所，高级工程师

王祥，男，硕士，上海市城乡建设和交通发展研究院上海市城市综合交通规划研究所规划室主任，高级工程师

吉婉欣，女，硕士，上海市城乡建设和交通发展研究院上海市城市综合交通规划研究所，高级工程师

基于卡口数据的快速路车辆出行 OD 计算方法

周　韬　高杨斌　裴洪雨

【摘要】车辆出行 OD 的获取对于掌握道路交通运行规律、剖析交通拥堵原因并制定相关改善措施等都至关重要。高清智能卡口是有效识别并跟踪车辆行驶轨迹的重要设备。当卡口点位无法覆盖道路网所有路段时，要计算全部车辆的出行 OD 便十分困难。本文以卡口点位覆盖不全的快速路网为研究对象，通过挖掘卡口数据自身特征，研究多源数据（含卡口数据、微波流量数据、车辆轨迹数据等）支撑的 OD 计算模型，对原始卡口数据中的车辆行程信息进行不断修补及迭代扩样，以得到快速路网上接近全量的车辆出行 OD 以及分类行程路径。同时，以杭州市某快速路常发拥堵路段为例，对研究成果的应用方向进行了展望。

【关键词】卡口车牌数据；快速路；微波车辆检测数据；车辆轨迹数据

【作者简介】

周韬，男，硕士，杭州市综合交通研究中心，工程师。电子信箱：726374074@qq.com

高杨斌，男，硕士，杭州市综合交通研究中心，智能交通研究所所长，高级工程师，注册城市规划师。电子信箱：54804083@qq.com

裴洪雨，男，硕士，杭州市综合交通研究中心，工程师。电子信箱：83343547@qq.com

中国航展交通保障的客流特征
分析及应用

吴佳玲　缪前明　余　萍　廖定东　张　颖　刘　杰　郭　鹏

【摘要】第十一届"中国国际航空航天博览会"于 2016 年
11 月 1～6 日在珠海国际航展中心顺利举行。期间，交通管理部
门通过有效落实票务政策、严格控制观众单日总量、缓解日客流
不均匀性，为航展交通保障工作的顺利进行提供重要基础；大力
宣传公交优先，提升公交负担率，降低道路交通压力，保障航展
期间道路运行水平；同时，利用大数据联合分析，精细化交通管
理，为航展交通保障提供数据支撑。本文以其中客流特征分析为
重点，介绍航展情况的分析重点，并以专线车配客点优化设置为
例，阐述数据应用方法，可作为大型活动、大型景区及大型交通
枢纽交通组织优化的参考。

【关键词】中国航展；客流特征；交通保障；配客点优化

【作者简介】

吴佳玲，女，本科，上海世脉信息科技有限公司，全栈工程
师，助理工程师。电子信箱：jlwu@citybeats.cn

缪前明，男，本科，珠海市交通规划研究与信息中心，主
任，高级工程师。电子信箱：13802673394@139.com

余萍，女，本科，珠海市交通运输局交通规划研究与信息中
心，副主任，工程师。电子信箱：15350895@qq.com

廖定东，男，本科，珠海市交通规划研究与信息中心，交通

规划研究部主管，助理工程师。电子信箱：63986028@qq.com

张颖，女，硕士，上海世脉信息科技有限公司，总经理，高级工程师。电子信箱：yzhang@citybeats.cn

刘杰，男，硕士，上海世脉信息科技有限公司，副总经理，工程师。电子信箱：jliu@citybeats.cn

郭鹏，男，博士，上海世脉信息科技有限公司，副总经理，高级工程师。电子信箱：pguo@citybeats.cn

城市交通碳排放测算研究

——以广州市为例

景国胜　张海霞　廖文苑

【摘要】本文以广州市为例，通过标定能耗系数完善了低碳交通测算公式。在此基础上，本文以统计源数据为输入测算了广州市 2011～2015 年的年度交通碳排放量，同时，本文基于广州交通规划模型数据测算了 2015 年的交通碳排放量。通过两种测算方法比较发现，基于交通模型数据测算方法能够更加精准地测算出跨边界交通碳排放量，更加精细化地测算出小客车碳排放测算，也更容易测算个体交通工具向集约化交通工具转移带来的减碳量，最终得出了基于交通模型数据源的测算方法更加适用于微观层面交通减碳研究的结论。

【关键词】低碳；交通；模型；测算；广州

【作者简介】

景国胜，男，博士，广州市交通规划研究院，院长，教授级高级工程师

张海霞，女，硕士，广州市交通规划研究院，综合交通所总工程师，高级工程师。电子信箱：57286218@qq.com

廖文苑，女，硕士，广州市交通规划研究院。电子信箱：764994197@qq.com

基于手机数据的通勤圈研究

于春青 万 涛 高煦明 马 山

【摘要】通勤圈的范围是交通领域研究城市空间结构的重要依据。本文利用手机数据识别了用户的日间驻留地、夜间驻留地，分析了主要就业中心（中心城区和滨海核心区）、次级就业中心的通勤圈，结果表明：两个主要就业中心的通勤圈截然不同，与两个中心处于不同的发展阶段相关；次要就业中心的通勤圈范围和周边集聚的岗位与就业人口的比例有一定关系，当次级就业中心周边集聚的岗位与就业人口的比例达到 100%时，一般为次级就业中心 50%～60%的通勤圈（覆盖次级就业中心岗位的 50%～60%），次级就业中心的通勤圈（覆盖次级就业中心 80% 岗位）的范围一般比 50%～60%圈层大 6～8km。

【关键词】手机数据；通勤圈；主要就业中心；次级就业中心

【作者简介】

于春青，男，硕士，天津市城市规划设计研究院，高级工程师。电子信箱：12780698@qq.com

万涛，男，硕士，天津市城市规划设计研究院，高级工程师。电子信箱：1169468702@qq.com

高煦明，男，硕士，天津市城市规划设计研究院，工程师。电子信箱：903089786@qq.com

马山，男，硕士，天津市城市规划设计研究院，工程师。电子信箱：376578347@qq.com

城市建成环境对上海通勤交通成本的影响

周　翔　陈小鸿

【摘要】伴随城市规模不断扩大，上海的通勤交通成本逐步增高，并受建成环境的影响产生空间不稳定性。基于交通小区（TAZ）空间单元进行不同尺度的缓冲区分析，得到建成环境"5Ds"特征因子、7项指标。考虑空间自相关性，运用基于GIS的地理加权回归（GWR）模型，全面分析密度、混合度、街区设计、公共交通邻近性、目的地可达性等维度对居民和岗位通勤距离、时间的影响。研究表明，通勤时间是受城市建成环境影响更为敏感的通勤成本指标，目的地可达性和土地使用混合度是影响最为广泛、显著的维度，轨道交通站点密度则是交通相关因子中影响最为显著的指标，且表现出时空距离限定特征；常规公交站点密度对上海通勤成本的影响很微弱。基于模型参数估计结果，可针对局部区域选取有效的策略组合。

【关键词】城市建成环境；通勤成本；地理加权回归（GWR）；空间异质性；上海

【作者简介】

周翔，女，博士，上海市城市规划设计研究院交通分院，综合规划室主任，高级工程师。电子信箱：71827876@qq.com

陈小鸿，女，博士，同济大学交通运输工程学院教育部道路与交通工程重点实验室，教授，博士生导师

基于手机信令数据的珠海市
职住平衡研究

刘竹韵　张福勇　许增昭　吴　璠　谢林华

【摘要】本文基于对珠海市某移动运营商提供的手机信令数据的分析，识别判断市域范围内常住人口的居住地和工作地，利用职住平衡三大指标分析了行政区、组团及片区三种空间尺度下的职住特征。以香洲区为例，探讨城市开发区对主城区的居住依赖性的特征，总结了主城区内部片区在职住空间上与地理空间上的一致性。利用居住到岗位的通勤矩阵，分析了香洲区职住通道的平衡性，并探讨职住通道平衡与公交客流廊道拥挤程度的关系。要优化珠海市的职住空间关系，在外围功能开发区应增加居住与生活配套，主城区内部则应强化就业聚集效应，同时避免片区向居住或就业单一化功能发展。

【关键词】手机信令数据；人口与岗位分布；职住空间分析；职住平衡

【作者简介】

刘竹韵，男，硕士，珠海市规划设计研究院，设计师，交通模型师。电子信箱：694393203@qq.com

张福勇，男，硕士，珠海市规划设计研究院，交通规划设计分院院长

许增昭，男，硕士，珠海市规划设计研究院，交通规划设计分院交通模型所所长

吴璠，男，硕士，珠海市规划设计研究院，设计师，交通模型师

谢林华，男，硕士，珠海市规划设计研究院，设计师，交通模型师

基于多维度的城市轨道交通
运营线网综合评估

——以武汉为例

韩丽飞　　陈舒怡　　杨曌照　　高　嵩

【摘要】为了梳理城市轨道交通建设对城市发展的带动作用，本文以武汉市为例，借助多年累积的轨道运营数据、问卷调查以及相关大数据资源，从运营实施效果、客流效益、站内设施以及交通衔接等多维度评估轨道交通发挥的综合效果，多角度总结经验教训，力求建立轨道与城市空间、土地利用、交通接驳的良性互动共生关系，以便更好地服务后续轨道交通的规划建设。

【关键词】轨道交通；运营评估；综合效果；武汉

【作者简介】

韩丽飞，男，硕士，武汉市交通发展战略研究院，规划师，工程师。电子信箱：516916102@qq.com

陈舒怡，女，硕士，武汉市规划研究院，规划师，助理工程师。电子信箱：shu-yeer@qq.com

杨曌照，男，硕士，武汉市交通发展战略研究院，规划师，工程师。电子信箱：331606787@qq.com

高嵩，男，硕士，武汉市交通发展战略研究院，规划师，工程师。电子信箱：gsgshhhh@vip.qq.com

基于 GPS 大数据的公交线网
运行特征分析

王　钶　高宁波　魏东洋

【摘要】随着科技的进步，城市公共交通发展信息化水平发展迅速，众多城市积累了海量的公交运行和运营数据，其中GPS 定位数据是目前较为成熟和完善的数据资源。因此，本文首先分析了 GPS 数据的采集原理和处理流程，建立了海量 GPS 数据的降噪和清洗标准流程，提高数据处理精度。其次，基于多层次分析方法构建了公交系统评价指标体系，构建基于快速路、主干路、次干路、支路四个层次，包含公交运行速度、运行延迟、拥堵里程比等指标的城市公交系统运行状态评价模型。最后，以某市全天 GPS 数据为例，分析了该市的公交系统运行状态，并提出相应的优化建议。

【关键词】城市公交；运行特征；GPS 大数据；多层次分析

【作者简介】

王珂，男，硕士，南京市城市与交通规划设计研究院股份有限公司，工程师。电子信箱：916747600@qq.com

高宁波，男，硕士，江苏智城慧宁交通科技有限公司，工程师。电子信箱：916747600@qq.com

魏东洋，男，硕士，南京市城市与交通规划设计研究院股份有限公司，项目经理，工程师。电子信箱：1203416228@qq.com

基金项目：国家自然科学基金资助项目（11102180）

基于手机信令数据的现状人口
分布模型研究

李 梁 朱 凯 赵元务 李 元

【摘要】 近年来基于包含时间和空间信息的手机信令数据进行各类交通出行问题的研究日益成为一个热点。本文提出一种利用遥感与倾斜摄影技术相结合的技术方案对城市及其远郊人口分布规律进行处理与提取，并能够准确、高效地将信令数据的人口特征分配到交通小区，然后帮助交通分析。以西安、咸阳合并后的大西安范围为例，进行基于时间与空间的人口分布测算，弥补城市快速变化、统计资料滞后的缺陷。

【关键词】 交通模型；信令数据；NDISI；高程点云；人口分布

【作者简介】

李梁，男，硕士，西安市城市规划设计研究院，助理工程师。电子信箱：1013104542@qq.com

朱凯，男，硕士，西安市城市规划设计研究院，高级工程师。电子信箱：10875829@qq.com

赵元务，男，硕士，国家测绘地理信息局第一地形测量队，助理工程师。电子信箱：2550683766@qq.com

李元，男，硕士，西安市城市规划设计研究院，助理工程师。电子信箱：dave131@foxmail.com

通勤时间对都市圈周边居民
活动特征影响分析

——以上海周边花桥典型社区为例

张孟云　陈　田　李　健

【摘要】超大城市周边居民由于长距离通勤出行导致"时间贫穷"，制约了个人事务、休闲娱乐和社会交往等活动，进而可能导致社会隔阂等问题。本文以通勤时间对都市圈周边居民活动特征影响为切入点，以上海都市圈周边江苏花桥镇典型社区为例，通过居民生活时间分配调查获取了花桥典型社区居民的日常活动情况，并按照通勤时间长短分为高、中、低时耗通勤群体，对不同群体的工作日通勤活动和非通勤活动特征进行了对比分析，并提出相关改善建议。

【关键词】都市圈；时间贫穷；活动模式；通勤时间；活动特征

【作者简介】

张孟云，女，硕士，同济大学交通运输工程学院交通工程系。电子信箱：1733244@ tongji.edu.cn

陈田，男，硕士，同济大学交通运输工程学院交通工程系。电子信箱：1831348@tongji.edu.cn

李健，男，博士，同济大学交通运输工程学院交通工程系，副教授。电子信箱：jianli@tongji.edu.cn

11 共享交通与新业态

城市电动汽车充电站排队
系统模型实证研究

周　勇　杜　云　邹亚男　李宗宝

【摘要】通过调查青岛市国家电网的直流充电站，对电动汽车到站时间间隔和充电服务时间实际调查数据进行统计与分析，依据 276 组数据拟合，并 K-S 检验，得出车辆到站时间间隔及充电服务时间均服从正态分布，从而确定该充电站的排队模型，分析充电站服务能力。

【关键词】直流充电站；到达间隔；服务时间；正态分布；排队论

【作者简介】

周勇，男，博士，山东科技大学，讲师。电子信箱：594189472@qq.com

杜云，女，硕士，山东科技大学。电子信箱：1394058011@qq.com

邹亚男，女，硕士，山东科技大学。电子信箱：807062053@qq.com

李宗宝，男，硕士，北京京东尚科信息技术有限公司，软件工程师。电子信箱：lzbsdust@163.com

我国共享交通发展对策研究

张广厚

【摘要】分析当前我国共享交通发展面临的主要问题，从提高认识、把握趋势、明确导向等提出规范和引导共享交通发展的总体思路，提出政府应重点做好顶层设计、更新监管理念、创新监管手段、优化发展环境、加快设施建设、推动融合发展、应对垄断经营等政策措施建议。

【关键词】共享交通；发展趋势；发展对策

【作者简介】

张广厚，男，博士，国家发展和改革委员会综合运输研究所，助理研究员。电子信箱：zhanggh@ict.org.cn

智能快递柜与"出行链"设施的共享利用方法研究

周嗣恩　曲曼丽　张晓东　魏　贺

【摘要】为提高快递物流末端配送的效率、便捷性、环境品质和集约化水平，引入共享经济思维模式，聚焦快递物流末端配送和乘客出行行为两条主线，以北京亦庄经济开发区为例，融合用地数据、227 处快递柜 POI 数据、66 条快递物流末端配送路径和 462 处客户收发点的问卷调查数据，以及 362 份限定地区的意向特征调查数据，分析提炼智能快递柜的使用特征和意向特征规律，结合地铁、公交、非机动车、单位班车、小汽车、步行等六种出行方式的出行链和节点设施特征解析，论述智能快递柜与出行链设施整合的可行性。以此为基础，从快递柜规格尺寸、配建指标、整合路径、配套政策等方面论述智能快递柜与出行链设施的整合方法。可以为快递物流末端配送的提质增效和改革提升提供借鉴参考。

【关键词】快递物流；末端配送；智能快递柜；出行链；设施整合；共享利用

【作者简介】

周嗣恩，男，博士，北京市城市规划设计研究院，高级工程师。电子信箱：18601016109@163.com

曲曼丽，女，本科，北京艾威爱交通咨询有限公司，工程师。电子信箱：13466756412@163.com

张晓东，男，硕士，北京市城市规划设计研究院，副所长，教授级高级工程师

魏贺，男，硕士，北京市城市规划设计研究院，研究员

结合手机信令数据的共享单车
供需平衡研究

秦　维　张斯阳　刘　燕　钱昌犁

【摘要】共享单车在为居民出行带来便利的同时，也由于品牌激增、盲目投资、无序投放、粗放管理等原因，导致诸多运维难题。将手机信令数据应用于交通供需分析，有助于去除冗余数据，得到有效信息，帮助了解城市运行规律和居民出行特征。基于无锡市手机用户的空间分布和共享单车 GPS 数据的空间分布，对比分析人口分布与共享单车投放分布的差异，得到以下结果：①共享单车的高密度集中区域与地铁线路走势基本趋同，表明共享单车与轨道交通线路具有紧密联系；②相对于人口的差异化分布，共享单车用户的分布较为均衡，可能与不同区域公共交通服务水平与共享单车的需求水平不同有关。基于此，提出共享单车优化建议：①中心城区总量控制，避免过度投放，恶性竞争；②外围区域适当投放，改善最后一公里出行难题，弥补公共交通服务盲区；③在潮汐现象严重的区域应加强人工调度。

【关键词】手机信令数据；共享单车；供需平衡；需求预测；无锡市

【作者简介】
秦维，男，硕士，中国城市规划设计研究院西部分院，工程师。电子信箱：513587449@qq.com
张斯阳，女，硕士，中国城市规划设计研究院，工程师。电

子信箱：zhangsiyangyy@126.com

刘燕，女，本科，北京当代科旅规划建设研究中心，助理工程师。电子信箱：916356747@qq.com

钱昌犁，男，硕士，无锡市城市规划编制研究中心，工程师

城市多方式交通体系下分时租赁汽车的发展

谢　琛

【摘要】近年来随着分享经济的推广与发展，分时租赁汽车（共享汽车）模式快速兴起，共享汽车对城市交通的适应性以及其与传统出行方式的关系现有研究还不全面。文章首先对分时租赁汽车的发展过程、现状、运营模式进行了阐述及比较，然后对共享汽车与城市交通的关系进行了归纳和总结。共享汽车作为一种新的出行方式，与公共交通是补充作用，与出租车和私家车存在竞争，并在一定程度上会促进城市停车空间的重构。随着技术的发展，共享汽车的交通分担率将进一步增加，亟待城市政策和规划的支持。

【关键词】共享汽车；停车空间；公共交通；出行行为选择

【作者简介】

谢琛，女，本科，同济大学建筑与城市规划学院。电子信箱：xiechen1023@163.com

纯电动出租车充电设施规模
预测及选址策略研究

王孝明

【摘要】随着纯电动出租车的推广使用，充电设施的配套保障成为急需解决的关键问题。本文在充分评估驾驶员充电行为模式的基础上，建立了充电设施需求预测模型与充电站选址建议，并以深圳市为例，验证充电设施需求预测方法与选址策略的可行性。

【关键词】出租车纯电动化；充电站选址；驾驶员充电行为模式

【作者简介】

王孝明，男，硕士，深圳市城市交通规划设计研究中心有限公司（广东省交通信息工程技术研究中心），工程师。电子信箱：philips955@163.com

中小城市电动汽车充电设施
建设与运营模式探究

王玉焕　高　永

【摘要】电动汽车是打造绿色、宜居的环境，创建低碳交通体系的关键环节。面向中小城市发展特点，本文探索适宜的充电设施建设与运营模式。首先，剖析当前热点城市电动汽车推广、充电设施建设与运营模式经验，分析中小城市在电动汽车推广与充电设施建设方面的困难与优势。然后提出以公交企业为主体、基于公交场站的充电设施推广与建设模式，综合考虑不同类型公交场站的规模及功能需求，将建设充电设施的公交场站分为三类，针对每类场站提出适宜的充电设施配建原则，并探索以公交企业为主体的充电增值服务运营模式，实现充电设施的可持续发展。最后，将该模式成功应用到邳州市电动汽车充电设施的建设与运营。

【关键词】电动汽车；充电设施；公交场站；建设模式；运营模式

【作者简介】

王玉焕，女，硕士，深圳市城市交通规划设计研究中心有限公司（广东省交通信息工程技术研究中心），工程师。电子信箱：yhwagnhh@163.com

高永，男，硕士，深圳市城市交通规划设计研究中心有限公司（广东省交通信息工程技术研究中心），北京分院副院长，高级工程师。电子信箱：gqyong@126.com

"互联网+"时代下快递业新业态
监管工作的思考

房晋源

【摘要】快递业是现代服务业的重要组成部分，是推动流通方式转型、促进消费升级的现代化先导性产业。快递业的健康可持续发展，对稳增长、促改革、调结构、惠民生具有重要作用。近年来，随着"互联网+"和电子商务的不断发展，我国快递业也保持高速发展，各种新业态和新模式层出不穷，由此对行业监管也提出了更新更高的要求。本文通过梳理快递业新业态发展的基本特征，分析既有行业管理对于此类业态在监管方面面临的主要问题，结合行业发展及监管趋势，提出完善和优化快递新业态监管的若干对策建议。

【关键词】快递业；互联网+；新业态；行业监管

【作者简介】

房晋源，男，硕士，上海市交通港航发展研究中心，工程师。电子信箱：fangjynov@126.com

基于共享停车理念的城市综合体
停车配建研究

——以天津周大福金融中心项目为例

董　静　阴炳成　刘　建　周欣荣　崔　扬

【摘要】随着城市停车难问题日益显著，各城市相继出台鼓励共享停车的指导意见。本文通过对不同业态进行调查取样，分析不同建筑性质出行特征、车辆停放特性和高峰需求时段，测算出混合业态综合体的共享停车规模，为综合体的停车共享应用提供参考。

【关键词】共享停车；混合业态；错峰利用

【作者简介】

董静，女，本科，天津市城市规划设计研究院，工程师。电子信箱：946918731@qq.com

阴炳成，男，硕士，天津市城市规划设计研究院，高级工程师

刘建，男，硕士，天津市城市规划设计研究院，高级工程师

周欣荣，男，硕士，天津市城市规划设计研究院，高级工程师

崔扬，男，硕士，天津市城市规划设计研究院，高级工程师

珠三角共享单车交通发展困境及应对策略

廖顺意

【摘要】自 2016 年下半年开始，珠三角内各城市相继出现的由互联网自行车公司推出的共享单车，通过智能化创新与网络共享，有效地解决了居民出行"最后一公里"问题，撬动了城乡居民对健康绿色出行的需求，为中短距离出行提供了便利。共享单车作为一个新鲜事物，在全省乃至全国都引起了极大关注。网约自行车顺应了当前"让自行车回归城市"的总体趋势，但由于在短时间内大规模网约自行车涌入城市，对城市的道路设施及交通组织提出了新的要求，出现了部分交通安全隐患与乱停放问题，对政府管理水平亦提出了新的挑战。为此，通过结合珠三角自行车交通及共享单车发展状况，分析其发展所需解决问题，结合先进城市经验，探讨共享单车发展应对策略。

【关键词】网约自行车；发展态势；出行特征；应对策略

【作者简介】

廖顺意，男，本科，广州市城市规划勘测设计研究院，工程师。电子信箱：644910853@qq.com

加强对城市空间的精细化规划设计应对共享单车的停放

李　爽　黄　斌　寇春歌　张　喆

【摘要】共享单车为人们出行提供便利的同时，也带来了困扰城市发展的停车难题。本文通过分析共享单车出现后为人们交通出行带来的积极作用，结合北京市现状及未来发展需求，研判共享单车合理发展规模，并确定共享单车的功能定位。针对共享单车停放集中的公共建筑、地铁站点、公交站点等地，提出挖掘更多的空间的措施以满足共享单车的合理停放需求；针对道路等公共空间，提出应加强精细化规划设计管理，优化利用道路空间，使其能承载行人、自行车、机动车等不同交通方式的需求。最后，介绍了共享单车停放环境改善的实施案例，为后续改善单车停放环境提供参考。

【关键词】共享单车；空间分配；精细化设计；车辆停放

【作者简介】

李爽，女，博士，北京市城市规划设计研究院，教授级高级工程师。电子信箱：bmicpdjts@163.com

黄斌，男，硕士，北京市城市规划设计研究院，教授级高级工程师。电子信箱：huangb@bgy.cn

寇春歌，女，硕士，北京市城市规划设计研究院，助理工程师。电子信箱：koucg@bgy.cn

张喆，女，硕士，北京市城市规划设计研究院，工程师。电子信箱：zhangz@bgy.cn

基于开放数据的城市公共自行车租赁特征研究

彭一力　关士托

【摘要】城市公共自行车是城市公共交通系统的重要组成部分，为准确了解和掌握公共自行车用户的租赁行为特征，研究以浙江省平湖市公共自行车为例，基于日益普及的城市开放数据，包括公共自行车运营数据、租赁点布局数据、网络地图数据、气象数据和 UGC（用户原创）数据，对用户的满意度评价、用户群体特征、租赁点布局和使用特征、租赁行为特征以及出行特征进行了分析，研究发现：平湖市公共自行车用户满意度偏低，用户活跃度不高，且在温度为 22℃左右时，自行车出行意愿最强；公共自行车整体周转率较低（仅 1 次/日），城市核心区周转率明显高于外围地区，早高峰租赁行为呈现向城市核心区聚集、晚高峰由核心区向外扩散的趋势。研究成果可为后续优化公共自行车网络布局、提升公共自行车吸引力提供决策依据。

【关键词】开放数据；公共自行车；租赁特征；平湖市

【作者简介】

彭一力，男，硕士，上海市城市建设设计研究总院（集团）有限公司，助理工程师。电子信箱：pengyili@sucdri.com

关士托，男，硕士，上海市城市建设设计研究总院（集团）有限公司，助理工程师。电子信箱：guanshituo@163.com

网络联系视角下公共自行车站点使用格局特征研究

——以江苏省盐城市为例

韦　胜　高　湛

【摘要】以江苏省盐城市为例，对公共自行车刷卡数据，利用统计学方法和多种复杂网络指标解析了公共自行车网络结构的基本特征，结合亮点之间最短路径的栅格统计方法对公共自行车在城市道路网中流量做了模拟分析，并将上述成果在空间上进行了可视化处理。研究结果表明：①盐城市公共自行车的骑行时间主要集中在 15 分钟以内，且形成了较为特殊的 11 点高峰骑行期；②盐城市公共自行车站点在等级结构上存在着一定量的"中间阶层"，等级较低的站点仍然占据较高的比例，且等级之间的差异较大；③获得 6 个"社区内部紧密联系、社区间联系最少"的子网络；④公共自行车的使用也主要围绕着城市核心功能区而形成了不同特征的聚集区；⑤公共自行车骑行量主要分布在开放大道、人民路和解放路这 3 条南北向城市主干道上，这与网络的其他分析特征基本一致。最后，本研究根据上述分析结果，提出了城市规划相关建议。

【关键词】公共自行车；出行网络；复杂网络；空间格局

【作者简介】

韦胜，男，硕士，江苏省城市规划设计研究院，高级城市规

划师。电子信箱：gis_wsh@126.com

高湛，男，硕士，江苏省城市规划设计研究院，助理规划师。电子信箱：1578090895@qq.com

共享单车影响下公共自行车站点使用
特征变化与发展对策研究

——以南京市为例

吴金莲　陈学武　华明壮

【摘要】基于南京市主城区的公共自行车 IC 卡刷卡数据，分析共享单车入驻南京后公共自行车站点使用特征的时空变化，并借助前后对比研究、K-means 聚类等方法，揭示共享单车的影响在不同时间、不同站点类型、不同区域之间的差异性，在把握影响差异性的基础上，提出"应着力改善和提高既有公共自行车系统的服务效率"和"着重跟进居住型和交通型站点建设"等发展建议。

【关键词】共享单车；公共自行车；使用特征；差异性影响；南京市

【作者简介】

吴金莲，女，本科，中设设计集团江苏省交通规划设计院股份有限公司，助理工程师。电子信箱：wujinlian95@163.com

陈学武，女，博士，东南大学交通学院，教授。电子信箱：chenxuewu@seu.edu.cn

华明壮，男，本科，东南大学交通学院。电子信箱：220162573@seu.edu.cn

基金项目：国家自然科学基金项目（51338003）

上海外高桥港区发展地下物流
概念方案研究和探讨

朱　洪　江文平

【摘要】港口依城而建，城市依港繁荣，随着城市建设的快速发展，交通拥堵、环境污染、土地资源等已经成为制约港口与城市发展的主要矛盾，其中港城交通矛盾最为突出。聚集在外高桥港区外围的集装箱堆场和港区集疏运交通，给周边地区乃至全市的交通和环境带来极大影响。受城市空间资源、能源、环境约束，相比扩建港区和集疏运道路而言，优化港口集疏运结构更为重要。通过分析上海港集装箱集疏运特征，研究地下物流能否起到替代部分中短距离道路运输、优化港口集疏运体系、促进外高桥地区发展的作用。

【关键词】外高桥港区；地下物流；货运交通；集装箱

【作者简介】

朱洪，男，硕士，上海市城乡建设和交通发展研究院，副所长，教授级高级工程师。电子信箱：simonwx@126.com

江文平，男，硕士，上海市城乡建设和交通发展研究院，高级工程师。电子信箱：77394140@qq.com

上海新能源汽车充电桩发展情况评估和政策建议

陈俊彦　葛王琦　邵　丹

【摘要】本文系统梳理了目前本市新能源汽车充电桩发展成就和特点，结合充电桩运营效率的评估，对公共桩、专用桩、私人桩等不同桩型进行发展状况评价，并提出了下一步继续推广新能源汽车充电桩建设的政策建议。研究认为，上海充电桩市场潜力大、顶层设计合理、运营模式逐步成熟，充电桩行业规模和布局能够支撑新能源汽车发展需要，但同时充电桩行业（不包括私人桩）运营还存在总体使用效率不高、桩群闲置率高、充电量集中在公交等专用行业等阶段发展特点。经分析提出，上海发展充电桩行业具有其他城市所不具备的综合优势，下一步应从运营模式创新（寻求新的增长点）和行业管理优化（公共桩和专用桩分类指导管理）等方面提升本市充电桩行业的发展水平。

【作者简介】

陈俊彦，男，硕士，上海市城乡建设和交通发展研究院，工程师。电子信箱：vangreen@163.com

葛王琦，男，硕士，上海市城乡建设和交通发展研究院，工程师。电子信箱：gewangqi@163.com

邵丹，男，硕士，上海市城乡建设和交通发展研究院，交通所副总工程师，政策研究室负责人，高级工程师。电子信箱：sd_nt@163.com

共享单车与城市公共交通协同发展模式探析

凌　琳

【摘要】共享单车的涌入，缓解了"最后一公里"的问题，但仍存在一定的不足之处。随着时间的推移，共享单车与城市公共交通间的问题日渐显现，共享单车是否应该作为城市公共交通的一部分？如何与公共交通衔接？本文通过对上海的实地调研以及相关文献资料的查阅，对上海共享单车的使用特征、与公共交通之间的关系以及共享单车与公共交通之间现状存在的问题进行详细分析，提出共享单车与城市公共交通协同发展模式的建议。

【关键词】共享单车；公共交通；发展模式；发展建议

【作者简介】

凌琳，女，硕士在读，同济大学建筑与城市规划学院。电子信箱：646665810@qq.com

北京市共享单车流量分布及
用户骑行特征研究

程　苑　缐　凯　徐晓燕

【摘要】随着共享单车的兴起和快速发展，其已成为市民重要的交通工具之一，掌握其流量分布状况和用户骑行特征对监测统计城市交通结构是十分必要的。本文基于实地流量调查和微信问卷调查数据，首先从总体、时间分布、空间分布三个维度进行共享单车流量及占比分布分析；其次分析共享单车出现后，共享单车用户的出行选择行为变化，引起用户骑行时间、接驳比例、骑行目的三个骑行特征变化，最终带来宏观上的自行车流量及构成变化；最后，提出共享单车数据对监测自行车出行量的参考借鉴之处。此外，还对共享单车现状主要问题进行了总结梳理。本文的研究成果可为共享单车相关政策制定和自行车出行量的监测统计提供参考依据。

【关键词】城市交通；共享单车；调查；流量占比；接驳比例

【作者简介】

程苑，女，硕士，北京交通发展研究院，工程师。电子信箱：chengwowo@126.com

缐凯，男，硕士，北京交通发展研究院，高级工程师。电子信箱：xiank@bjtrc.org.cn

徐晓燕，女，硕士，北京市交通委员会，副主任。电子信箱：xuxiaoyan@bjjtw.gov.cn

公共自行车短时预测方法研究

曹雪柠

【摘要】为解决制约公交发展的"最后一公里"问题，公共自行车成为不少城市的首选，然而实际运营中站点租还车次不均衡的问题愈发凸显。本文以公共自行车 IC 卡数据为支撑，利用聚类分析方法，探究公共自行车站点需求变化规律，在此基础上，选用 BP 神经网络时间序列预测方法对公共自行车站点需求进行预测，并以实际公共自行车系统为例进行应用，结果证明，本文所研究的模型和算法能够达到较高的预测精度。

【关键词】公共自行车；需求预测；使用特性

【作者简介】

曹雪柠，女，硕士，江苏省城市规划设计研究院，助理工程师。电子信箱：caoxuening2012@163.com

后　　记

"2018 年中国城市交通规划年会"于 2018 年 10 月 17～18日在青岛市召开，会议围绕"创新驱动与智慧发展"主题组织了论文征集活动。共收到投稿论文 572 篇，在科技期刊学术不端文献检测系统筛查的基础上，经论文审查委员会匿名审阅，332 篇论文被录用，其中 19 篇被评为优秀论文。

为真实反映作者的学术思想和观点，本书编辑中对论文内容未作改动，仅对格式作了统一编排。编辑过程中可能存在不足之处，恳请作者、广大读者批评指正。

在本书付梓之际，城市交通规划学委会真诚感谢所有投稿作者的倾心研究和踊跃投稿，为年会提供了丰富的交流成果！感谢各位审稿专家认真负责、严格把关的评选，把最好的研究成果呈现给广大读者！感谢中国城市规划设计研究院城市交通研究分院的张宇、孟凡荣、乔伟、张斯阳、耿雪、王海英等，在论文征集、本书编辑和排版中付出的辛勤劳动！

论文全文电子版可通过扫描封底二维码下载，或在城市交通网站（http://chinautc.com）下载。

中国城市规划学会城市交通规划学术委员会
2018 年 9 月 1 日